· 書系緣起 ·

早在二千多年前，中國的道家大師莊子已看穿知識的奧祕。
莊子在《齊物論》中道出態度的大道理：莫若以明。

**莫若以明是對知識的態度，而小小的態度往往成就天淵之別
的結果。**

「樞始得其環中，以應無窮。是亦一無窮，非亦一無窮也。
故曰：莫若以明。」

是誰或是什麼誤導我們中國人的教育傳統成為閉塞一族。答
案已不重要，現在，大家只需著眼未來。

共勉之。

原來

AI

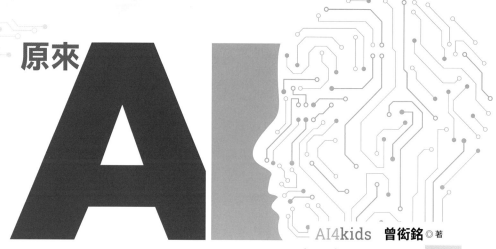

AI4kids　曾銜銘◎著

這麼簡單！

熟練機器學習**5**大步驟，就算不會寫程式，
也能成為**AI**高手

通往新世代發展的人工智慧

——國立陽明交通大學教育研究所助理教授　陳聖昌

　　本書作者衒銘是我任教彰師大科學教育所的博士班研究生。當初實驗室使用機器學習是為了處理眼動與腦波的龐大資料，並且進一步發展結合眼動訊息與機器學習的人機界面，以協助學習者的科學學習。為了讓衒銘能夠對機器學習有更多的瞭解，於是我推薦他到台灣人工智慧學校技術領袖班做更深入的學習。他很用心地學習許多人工智慧的知識與技術，並且對於我的研究工作做出重要的貢獻。重視親子教育的衒銘，在課程結束後開始思考人工智慧的教育工作，於是結合一群台灣人工智慧學校的校友創立了 AI4kids，致力於啟發各年齡層學生對人工智慧的學習興趣與推廣人工智慧實作與應用課程，亦促成了本書的付梓出版。

　　近年來人工智慧的浪潮興起，尤其機器學習的應用更是突飛猛進，一夕之間人工智慧變成當紅的炸子雞——蘋果公司的語音助理 Siri 協助人們利用口語操作電腦指令，臉書利用臉孔辨識技術精確標示照片中每個朋友的名字，每個人生活周遭充斥越來越多人工智慧的產品或技術，

因此無論是就業的工程師或在學的學生，似乎需要更加瞭解人工智慧的內容與影響人類生活的各個層面。

為了因應此需求，本書對於人工智慧與機器學習做了淺顯易懂的介紹，並且使用許多生動活潑的例子，來介紹監督式學習法、非監督式學習法、強化式學習法，甚至複雜的機器學習步驟，亦是使用許多的生活實例，鉅細靡遺地說明每個步驟的環節，讓讀者能夠輕鬆地掌握各種機器學習的基礎概念知識。

再者，本書最棒的地方在於提供兩個機器學習的線上工具——Teachable Machine 與 Lobe，讓讀者能夠在不用直接撰寫程式碼的情形下，利用此線上工具來執行機器學習的基礎實作，例如辨識手勢的剪刀、石頭、布，或是手指數字，以及聲音辨識、姿態辨識等等，亦教導讀者利用機器學習製作各種生活應用的實作專題，例如垃圾分類、選芒果、聽聲辨鳥、智慧手控等等。這些實作專題不但新穎有趣，亦能體驗到機器學習威力強大的一面。

推薦給所有已學習過、正在學習或未學習過人工智慧的讀者，相信這將會是基本入門與推廣人工智慧的一本好書，值得您收藏。如果您是家長，更推薦與您的孩子和家人們一起閱讀、實作且互相分享，一同體驗通往新世代發展的人工智慧。

當電影情節將真實上演，
我們如何站在趨勢風口隨 AI 起飛

──SUPER 教師全國首獎得主　曾明騰

　　大數據時代的來臨，驅動了萬物聯網的興起，AI 人工智慧的應用也悄悄地走進了我們的生活周遭，帶來了便利性，也窺視著我們的一舉一動。

　　當我在高速公路上使用著特斯拉（Tesla）的自動輔助駕駛，讓我感到驚訝的不只是它的系統操控性，它的深度學習能力更令我驚豔無比，讓我想起小時候很喜歡看的一部電影《魔鬼終結者》，當電腦擁有了自主意識與深度學習的能力後，在它 24 小時持續地高速運算系統下，人類很難贏過它，就像世界圍棋冠軍屢屢拜倒在人工智慧 AlphaGo 下，難道電影的情節終將於未來真實上演嗎？

　　AI 人工智慧建置的 3 大支柱：科技創新、倫理道德、法律管制，希望能有效地去規範人工智慧深度學習可能無限制的擴張，工具本身沒有對錯，端視使用者心態與想法，就像將 AI 人工智慧運用在自駕車上就是很棒的 Idea ！

自駕車採 5 大分級，目前的研究已進入第 4 級的實機測試，很快地相信在不遠的將來，自駕車第 5 級將出現在你我的周遭，當我握著特斯拉的方向盤讓車子在高速公路上平順地自駕著，想著即將迎接的未來自駕環境，想著未來車禍將大幅減少，透過 AI 人工智慧的正確使用，有效地保護著人身與財產的安全。

　　聽起來科技感十足的 AI 人工智慧會不會很難以理解呢？

　　想在家嘗試製作相關 AI 程式設計的小應用會不會很難以上手呢？

　　工欲善其事必先利其器，一本理論與實務並重的好書將是你入門的最棒投資，《原來 AI 這麼簡單！》推薦給想一探 AI 人工智慧究竟的你，此書由我多年好友曾衒銘老師編寫，除了相關歷史進程與背景理論外，更多的是可在家實際操作的 AI 程式應用設計，如：運用 Google 的 Teachable Machine 來完成影像辨識、聲音辨識、姿態辨識等應用；或利用 Microsoft 微軟公司所推出的 Lobe 人工智慧模型訓練軟體在家模擬 AI 人工智慧的有趣應用。書中更有許多不錯的 AI 專題實際案例手把手的帶你操作，讓你可以一邊學一邊玩，徜徉在 AI 的藍海裡，時不時在 AI 趨勢浪頭上衝一波。

　　物聯網搭配著 AI，形塑著未來人類生活的想像，所有一切生活上的操控只需透過你的聲音或手機便可遠端遙控，就像日前我人在台南成大會館裡，便可遙控開啟停在嘉義老家特斯拉的哨兵系統，車內許多功能皆可聲控，舉凡導航、調溫、開關車內燈……等，這也許是你必須認知的未來改變，是挑戰也是機會，透過自學做好準備，直面未來的 AI 大數據時代。

1 人工智慧的發展與應用

無數堅毅的科學家與工程師們共同協力合作，不斷累積經驗與改良技術，AI 才能在今日開花結果。接下來，就讓我們帶領大家一同穿越時光隧道，一探人工智慧的發展歷史與應用吧～

2 機器學習是什麼？

電腦科學家們究竟怎麼訓練機器完成人類所賦予的任務？在本章中，我們就要帶領大家打開人工智慧的大門，理解機器學習的基礎觀念與重要的訓練步驟，並帶大家一起做有趣的資料蒐集與應用體驗。

3 動手做 AI，AI 在我手！

拜網路技術與程式軟體發達之賜，出現了許多無需撰寫程式碼的
AI 應用開發工具或平台，因此即便你不熟悉人工智慧技術，但只
要你有好的創意，也能親手訓練 AI 模型來實踐自己的想法。

4 AI 專題實作範例

現在你是否想親自動手做一個 AI 專案，解決生活上的問題呢？在
這個章節中，我們就要帶領大家把第二章與第三章所學的內容扎
扎實實的複習一遍，同時也將透過實作範例來熟練這些威力強大
的工具喔！

認識人工智慧，開拓你的視野，升級你的學習戰鬥力

> 小愛：Siri，今天天氣怎麼樣？
> Siri：氣溫攝氏 20~25 度，多雲。

> 小愛：Siri，用擴音打電話給「小瓜」！
> Siri：〔小瓜〕撥打中……

> 小愛：Siri，明天早上6點半叫我起床。
> Siri：已為您設好明天上午6點30分的鬧鐘。

2011 年，蘋果公司推出語音助理 Siri，只需要透過「口說」，不用動手，就可以請 Siri 完成你的指令。後來，Android 系統也設置了語音助理，使用者同樣無需動手就能完成任務。

語音助理可以幫你設定鬧鐘，提醒你星期三要考英文，查詢到最近的文具店距離你現在位置 500 公尺。只要「說」出你的指令，語音助理就可以提供協助與答案。有了科技輔助的生活，是不是輕鬆許多呢？

然而在 2016 年，AlphaGo 在圍棋大賽中擊敗人類冠軍李世乭，震驚了全世界。這是不是代表，人腦比不上電腦？人類就要被電腦打敗了嗎？會不會有一天人類反而被電腦統治……？這場圍棋比賽敲響了警鐘，社會上出現了些莫名的恐慌。

語音助理和 AlphaGo 不是都同樣來自「AI」（Artificial Intelligence，人工智慧）嗎？為什麼相同的技術，語音助理帶來的是便利生活的幸福感，AlphaGo 卻讓人緊張兮兮，擔心被 AI 取代？

● 別緊張！害怕只是因為你不了解

　　如果不了解一個事物，或者從來沒有接觸過，當然無法判斷它是好是壞。你可以選擇不主動去熟識這位科技新朋友，或者直接把別人告訴你的，就當作是你知道的。實際上，很多時候，人們是因為缺乏可以參考閱讀的資料，無法認識這位科技新朋友，才會不知所措而害怕退縮。

　　因此，不用擔心，只要找到了解新科技朋友的方法，你就不會再懼怕它，也能善用它的好處！

　　2019 年開始，十二年國教課程綱要（以下簡稱「108 課綱」）正式施行，希望透過跨學科的知識學習、能力獲取與態度培養，幫助學子做好適應現代生活，面對未來挑戰的準備。特別是從 108 課綱中獨立出來的科技領域，不僅要讓科技產品當你我的助手，更要能在自己動手做出成果之後與人分享。

舉個例子 想一想，你最常用手機跟電腦做什麼呢？ 如果只是用來玩遊戲、看影片、查資料，那可就大材小用了。好比說，你知道手機可以當顯微鏡用來觀察蜜蜂嗎？

Step 1 觀察蜜蜂時，使用手機拍照功能，將蜜蜂每個身體細節拍下來。

Step 2 上傳到班級或學校雲端共同儲存空間。

Step 3 蒐集學校或住家周遭可運用的材料，打造城市獨居蜂的蜜蜂旅館。

Step 4 整理蜜蜂相關資訊、蜜蜂旅館生態紀錄資料，參加中小學科學展覽會活動。

這樣一連串的活動設計，是不是比在網路上下載幾張蜜蜂圖片就交差了事，更有內涵又有趣許多呢！

● 培養「做、用、想」的能力

　　如果不想被 AI 取代，那麼從現在起就開始從日常生活升級你的軟體吧！建議你靜下心來，仔細觀察生活周遭的所有事物，借助身邊可運用的科技工具，比如各種 APP（application，應用程式）、筆記型電腦、數位相機、網站或模擬軟體，來協助解決讓你感到困惑的問題。

　　若遇到無法解決的狀況，就回頭釐清問題的方向是否錯了，也可嘗試使用其他方法，或與師長、朋友一起討論，直到問題獲得解答。請記得，在整個過程中，就是要不斷動腦，不斷嘗試激發更多聯想，這麼一來，就能養成良好的思考習慣和自主學習的能力，這樣你還怕未來會被 AI 取代嗎？

1. 人工智慧的

人類之所以能成為萬物之靈，其中有一個重要的原因就是「經驗的累積與傳承」。人的壽命至多百歲，但透過文字或符號的紀錄，我們可以將知識與經驗不斷地交棒給下一代，傳承千年甚至萬年。人工智慧的興起絕非一覺醒來就如此蓬勃發展，從最早的圖靈測試到現今的無人自駕車技術，這段路程相當艱辛與漫長。所幸，有著無數堅毅的科學家與工程師們共同協力合作，不斷累積經驗與改良技術，AI 才能在今日開花結果。接下來，就讓我們帶領大家一同穿越時光隧道，一探人工智慧的發展歷史與應用吧～

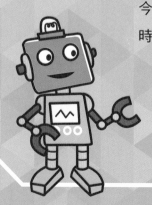

發展與應用

人工智慧的研究，
究竟從什麼時候開始？

很多人都以為，人工智慧是近幾年才有的創新發展與技術應用。但其實早在 1950 年代，被稱之為 AI 之父的艾倫·圖靈（Alan Turing）就曾提出一個很有名的「圖靈測試」（Turing Test），這是人工智慧發展最早的起始點。

圖 1-1-1 AI 之父艾倫·圖靈。

這個測試是用來判定一台機器（電腦）到底具不具備人類所擁有的智慧，只要人類所設計出來的電腦在回答問題時，可以成功騙過出題者，讓出題者誤以為回答問題的是人類，那麼這台電腦就算通過圖靈測試，而我們也就可以稱它是具有人工智慧的機器了。

這個測試後來就成為電腦是否具備人工智慧的一個基本判定標準，所有的電腦科學家都想設計並發展出一套可以通過圖靈測試的系統，但可惜的是，至今仍沒有人或研發團隊能真正成功通過圖靈測試。

圖 1-1-2　圖靈測試：A 代表機器，人類 B，人類 C 分別在不同的房間內。A 與 B 分別回答 C 提出的問題，如果 C 無法判斷哪個房間的答案是機器回答的，A 就會被判定為是一台具有智慧的機器。

　　在圖靈測試被提出後不久，人們開始廣泛討論起人工智慧的相關議題，但每個領域的專家學者都有自己的看法，並沒有統一的標準與定義。

　　終於在 1956 年夏天所舉行的達特茅斯會議（Dartmouth Conference）中，認知心理學家、計算機科學家、數學家等不同領域的專家齊聚一堂，在腦力激盪之下正式提出了「人工智慧」這個名詞以及定義。而這個會議的靈魂人物約翰・麥卡錫（John McCarthy）定義人工智慧就是「製造智慧機器的科學與工程」。

　　不過，人工智慧的發展卻沒有想像中那麼順利。達特茅斯會議之後的 20 年，人們投入大筆金錢與資源研究人工智慧，卻因為研究人員過度樂觀、不切實際，成果並沒有預期的好。因此，人們漸漸失去信心，甚至懷疑人工智慧是否真的可以被實現。

從 1960 年代到二十世紀末，將近 40 年的時間，人工智慧的研究經歷了 2 次嚴重的低潮期。直到二十一世紀初，硬體設備與軟體演算法等硬體與技術有了驚人的快速發展，人工智慧相關領域的發展才迎來第三波重新崛起的浪頭。

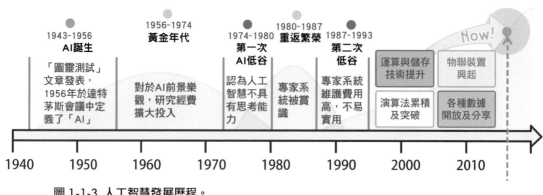

圖 1-1-3 人工智慧發展歷程。

現今的人工智慧發展

為什麼在二十一世紀初，人工智慧突然又出現驚人的進展，讓人無法忽略它的存在呢？曾經在人工智慧發展過程中失敗過的聰明科學家們當然記取了教訓，他們決定放慢腳步，先設定近程目標，從以下 4 個方向著手：

1. 運算與儲存技術的提升：

過去因為電腦運算處理能力不足，以及儲存訊號或資料的硬體設備昂貴且容載量有限，使得需要大量處理訊號或資料的人工智慧技術無法快速受到測試或驗證。

但現今的電腦運算速度已經大幅提升，儲存資料的硬體設備費用也降低許多，使得電腦科學家們可以用相對短暫的時間與低廉的成本設計實驗並驗證成果，大幅提升了 AI 技術發展的效率。

2. 演算法的累積跟突破：

人工智慧在處理資料與訊號時，須仰賴大量的數學基礎理論去做模型設計與模擬（所以數學很重要喔！）。目前常見的機器學習演算法，

有相當大的比例是很久以前（可能是數十年前）就被提出的演算法。

礙於硬體設備與軟體模擬技術等其他因素，這些演算法在當下被提出來時並未受到重視，但隨著時代的進步，這些被塵封已久的演算法又重見天日，甚至將人工智慧的里程碑往前推移了一大步。

近年來，人類不斷開發出更多新形態的演算法與技術，也再度加快了人工智慧發展的步伐。

3. 物聯網裝置的興起：

網路硬體設備的巨人——思科系統公司（Cisco Systems, Inc.）在2012 年提出了萬物皆可相互聯結的想像。大家可以把「萬物互聯」想像成：原本的網路可能就是電腦與電腦連接，只做簡易資料的傳輸。但如果透過網際網路的連接，就能不侷限於小範圍內應用，也不限定只有電腦間可以互聯，連有生命的物體也都可以是連結的對象（譬如我們在野放的小熊身上安裝定位追蹤器，以便觀察牠的生態足跡）。

隨著感應晶片的技術日趨成熟，也奠定了所有事物都能產生資訊的基礎。而人工智慧等新興技術的發展，更讓這個萬物互聯的想像得以具體實踐，在未來所有事物都可以是感測器，也都是資料的產生來源。

4. 大量數據資料的取得：

人類長時間都扮演著資料的終端消費者角色（譬如看報紙、讀雜誌、聽音樂等），並且透過最終所接收整理好的訊息，做出對應的判斷或決策（像是看到購物頻道上的優惠廣告，就趕快打電話下訂單）。接續前述，在萬物互聯的世界裡，有生命的物體也都是資訊的生產者（譬如我並不喜歡看珠寶廣告，每當有廣告我就切換頻道；但我很喜歡看

3C 產品的介紹，只要是資訊產品的廣告我都會多留意）。漸漸的，我們的行為與想法也開始透過邊緣設備產生數據，透過網路傳輸被記錄，透過雲端計算獲得修正的建議反饋。

　　舉例來說，很早以前觀看電視節目的方式是利用類比訊號做傳輸（拉一條很長的同軸電纜線），但現在大都變成了數位訊號（可以直接用無線網路接收到訊號），而數位訊號最大的特色就是可以將節目類型、收視時間長短、收視頻率等重要消費訊息，變成重要的數據資料。透過這些大量的數據資料，人工智慧就彷彿有了燃料一般，無論是在訓練模型或是驗證測試上，都有足夠的素材可以利用。

　　經過不懈的努力，我們現在終於有了初階的成果：弱人工智慧（Weak AI，意指無法完全自主思考或學習的人工智慧技術）。日常生活中已經可見弱人工智慧的應用，比如 Siri 就是其中一例。生活中，只要人工智慧根據電腦提供的數據，做出「看起來很有智慧」的判斷，就可以幫我們很大的忙喔！

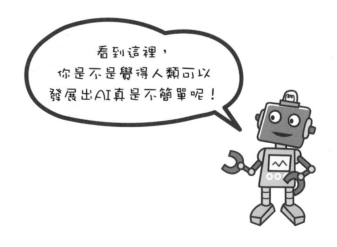

看到這裡，
你是不是覺得人類可以
發展出AI真是不簡單呢！

舉個例子

小愛：奇奇，等一下記得要把停車卡收好啊。卡如果掉了，
　　　車子要出停車場就很麻煩了。

奇奇：現在停車場已經大都不採用停車卡囉……

小愛：喔喔喔，那是停車幣嗎？也一樣要保管好啊。

奇奇：不不不！停車幣也不需要了呢！這也是ＡＩ神奇的應
　　　用之一喔～你看！

車牌自動辨識繳費系統

Step 1 當車子來到停車場閘口前準備入場，電腦系統就會透過監視器拍下車牌，記錄進場的時間。

Step 2 等到車主要取車離場，只要到自動繳費機，輸入車牌號碼，電腦系統就會自動計算「停車停了多久」、「需要繳多少錢」。車主可以選擇不同的繳費方式，比方：現金、信用卡、行動支付。

Step 3 當車子來到出口閘門，再次經由電腦系統辨識，只要確認繳費完畢，柵欄就會升起，讓車子離場。

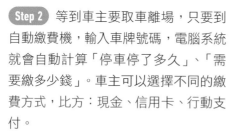

小愛：哇，辨識跟收費方式都很聰明呢，再也不用擔心停車卡
　　　不見了，停車場老闆也不需要付人工收費的薪水呢。

奇奇：對啊！AI人工智慧真的很厲害吧！

個人的 AI 應用

我們前面提到過，第三波人工智慧的浪潮再起，其中一個很重要的原因，就是物聯網裝置的興起。那麼，什麼是物聯網呢？簡單來說，所有物體都可以透過感應晶片及網際網路，將資訊串聯在一起。再透過大量數據的蒐集與分析，AI 就能夠反向給予精準且正確的決策建議。

若以 AI 在個人使用的觀點來看，AI 發展最重要的轉變就是人類不再只是資訊的接受者，透過物聯網裝置人類同時也是數據資料的產生者。下面我們舉了 2 個最常見的例子來說明。

智慧手錶

相信大家多少都有聽過或使用過 Apple Watch 或小米手環這類的科技產品。這類智慧手錶可以透過光感應的方式，隨時記錄配戴者的心跳、血氧濃度、呼吸頻率等生理訊息，然後利

圖 1-3-1 智慧手錶可以隨時記錄配戴者的心跳、血氧濃度、呼吸頻率等生理訊息，作為健康紀錄履歷。

圖 1-3-2 智慧手錶所記錄的
生理訊息，可成為醫生做診
療判斷時的利器。

用手機 APP 傳送到網際網路上，就可以成為個人專屬的健康紀錄履歷。

這樣的資訊可以發揮的效用相當強大，舉例來說：偏鄉的醫療資源不足，但透過上述方式，醫師可以遠端監測病人的生理狀況，並適時給予醫療建議與安排，所節省下來的人力、物力及時間等成本都是相當可觀的。

此外，智慧手錶也可以透過內建的 GPS 定位系統清楚標定孩童的所在位置，家長就能夠即時確保孩子的安全。

圖 1-3-3 家長能透過智慧手錶內建的 GPS 定位
系統即時得知孩子所在位置，確保孩子的安全。

　　既然人體相關數據都可以變成電腦數據，那麼我們的每個行為跟決定，能不能也變成電腦分析的數據呢？當然可以。這些數據經過雲端電腦系統計算之後，就會提供最接近我們需求的建議。

　　例如，就連選擇電視節目也能符合你的喜好。以前，我們只能看電視台（不管是有線台或無線台）所提供的節目，很多時候你會發現，我們最常做的事就是拿著遙控器不停轉台，卻總是找不到喜歡的節目。

　　但是透過智慧電視及數位訊號，不論看哪一類型的節目，每次看多久，或者多久才看一次，這些資料都會經由網路傳輸到雲端運算中心（多媒體服務公司）。當你下一次打開電視，你喜歡的節目就會立刻出現在推薦觀看的清單中，再也不怕從第一個頻道轉到第 N 個頻道，就是找不到想看的節目了。

圖 1-3-4　智慧電視會記錄你的收視習慣與喜好，幫忙選出你可能感興趣的節目或影片！

家庭的 AI 應用

AI 除了可以應用在個人穿戴的智慧裝置外，近年更逐漸走入人們的家庭生活中，透過網路傳輸設備的建置與雲端整合，AI 應用無遠弗屆，為居家生活帶來更安全的環境與便利性。下面我們將介紹幾種家庭的 AI 應用實際範例。

智慧家居

透過 APP，家中的各種智能家電都可以透過手機設定、控制，除了能將設定的資料即時傳送到手機裡，讓你一目瞭然之外，就算人不在家，也可以監控家裡的各種情況，做出簡易的判斷與處理。

比方說，你只要打開手機的 APP，就可確認剛才出門時有沒有關燈、門有沒有上鎖，要是沒有也不用緊張，因為你只要按下 APP 裡的功能鍵，一指就能關燈上鎖。另外，常見的打掃機器人也可以自動定時打掃，甚至人在外面時也可以直接在手機上操控，等我們回家後家裡地板早已清掃乾淨。

我出門買點心才想到還沒打掃地板，待會朋友就要來家裡玩了怎麼辦……

沒問題，我已經透過手機 APP，開啟打掃機器人，它正在清掃中了……

圖 1-4-1 家中的各種智能家電都可以透過手機 APP 設定、控制，就算人不在家，也能監控家裡的各種情況。

知識補給站

智慧家居的產品大致可分成以下 4 大類：

1. 安全監控：電子門鎖、消防感測、監視錄影、空氣品質、溫濕度感應。

2. 視聽娛樂：智慧電視、智慧音箱等。

3. 智慧家電：智慧冰箱（可做食物安全期限管控）、掃地機器人、智慧冷氣（可遠端控溫）等。

4. 家庭照護：健康手環、智慧血壓計、智慧血糖機、緊急通報器等。

冰箱內有：雞蛋3顆，番茄2顆。建議可製作「番茄炒蛋」。

圖 1-4-2 智慧冰箱可以提醒你冰箱中還有什麼食物與食材，甚至給出餐點製作建議。

就像前面提到的車牌辨識系統，目前影像辨識越來越準確，最常見的就是運用在安全性的開關鎖，比方說：手機解鎖、電子鎖。

這樣的技術當然也會運用在最注重安全的汽車上了。想像一下：有一台車子正常行駛於道路上，這時突然從路邊衝出一個小朋友！（接下來的血腥畫面，請自行想像……）

別擔心，現在不會出現任何血腥畫面了，因為車子會即時煞車停下來，小朋友或許會受到驚嚇，但車子並不會撞上小朋友。這是怎麼辦到的呢？

車上所裝設的攝影鏡頭會蒐集車子四周環境的資訊，然後立即傳到車體電腦中（如圖 1-4-3）。車體電腦就可以毫無延遲的做出判斷，如減速、煞車，或與前車保持一定距離（如圖 1-4-4）。這些都是透過 AI 邊緣架構與設備以及邊緣運算，立即做出保護車內乘客與路上行人安全的動作。

這就好像車子前後左右都有很多雙眼睛看著路況，將四周行人車輛的距離與車速等訊息傳送到車子的大腦，然後立即做出正確的判斷，例如減速或煞車。我們不難想像，再不久的將來，路上的公車可能都不需要司機駕駛了呢！

圖 1-4-3 車上的攝影鏡頭會蒐集車子四周環境的資訊，然後立即傳到車體電腦中。

圖 1-4-4 車體電腦可以根據蒐集到的資訊，做出減速、煞車，或與前車保持距離等動作。

傳統的雲端運算需要將所有資訊統一傳送到最上層的核心主機，透過精準運算後再分層傳送到最底層的設備做出反應，這麼一來往往會喪失時效性。

因此，新形態的邊緣運算方式是將一些僅需簡易計算，或是強調重要即時反饋的判定機制放在邊緣設備中，在數據收集源附近立即處理和分析數據，因此能夠大幅降低延遲問題。

舉例來說，邊緣運算就像人類的反射神經機制，如果手被燙到，你就會立刻縮手，不用等痛感傳到大腦，再讓大腦告訴你要把手縮回來（這樣恐怕已經燙傷了吧！）。

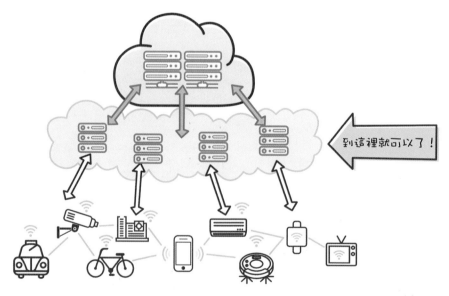

圖 1-4-5 新形態的邊緣運算方式能在數據收集源附近立即處理和分析數據，減少時間的延誤。

AI 的擴大應用

介紹完個人與家庭的 AI 智慧應用後，現在我們將範圍放大到生活周遭，來看看 AI 對於社區、城市，乃至整個社會環境的影響。

舉例來說，以往我們上超市購買商品卻遇上結帳人潮眾多時，也只能乖乖排隊等待，但「無人超市」的引入，讓我們能夠不用排隊，就能自行結帳並選擇支付方式，甚至還能夠提醒你食品的保存期限。

而智慧路燈雖然可能只是城市角落的一盞燈，但透過導入 AI 相關技術，它除了提供照明，也可提供空污指數，甚至全國性的緊急新聞資訊。

此外，新形態的工廠製造，改變了傳統的生產方式。少子化或許衝擊了某些產業的人力資源，但也因為智慧工廠的誕生讓這些衝擊降到最低，以最少的人力搭配智慧科技（如機器人）創造出更高的生產力，讓國家具備國際競爭力。

接著我們就來看看這些 AI 的應用吧！

　　2018 年，美國亞馬遜公司的「無人超市」正式開幕，台灣的便利商店也陸續出現類似的概念店。無人超市當然不是指裡面都沒有人的超市，而是顧客進入超市後可以不用透過店員結帳，就能自行完成整個購物流程（如圖 1-5-1）。此外，如果碰到貨架上的商品剛好賣完，還可以透過 AI 影像技術掃描商品條碼，直接進行線上訂購並宅配到府（如圖 1-5-2）。

圖 1-5-1　顧客自助結帳。

圖 1-5-2　商品條碼掃描。

　　無人超市除了能夠改變人們的消費習慣，甚至還能夠透過 AI 影像辨識功能，幫助店家分辨不同的顧客，並分析他們的消費紀錄與留駐時間，或感興趣的商品（如圖 1-5-3）。

　　此外，美國的 Caper 公司更推出一台智慧購物車（如圖 1-5-4），車上有商品條碼掃描器、信用卡消費刷卡機、3D 立體圖像辨識鏡頭，以及一個重量感測器。只要把要買的東西放到購物車裡，購物車就可以自動分辨你買了什麼東西、價格多少、保存期限到什麼時候、需要秤重的商品計價多少。你可以立刻知道自己買了哪些東西，花了多少錢，並選擇支付方式。

圖 1-5-3 顧客辨識與相關消費資料分析。

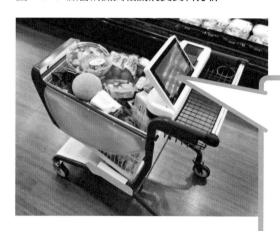

蘋果 40 元
沙拉 120 元
雞蛋 70 元，保存期限：12/4
牛奶 90 元，保存期限：12/5
麵包 50 元，保存期限：12/2
衛生紙 120 元

合計：490 元

圖 1-5-4 智慧購物車幫你省下購物的所有麻煩，讓購物更有效率。

　　不用排隊的自助式購物，不僅有效節省時間，更不怕店員不小心按錯收銀機、算錯帳。這一切都歸功於前面所提到的影像辨識系統以及 AI 技術（邊緣運算），再次證明科技確實能讓我們的生活更簡單、更具智慧。

智慧路燈

　　想一想，身處鄉下或城市的時候，一個很明顯的區別就是：城市裡的燈特別多。會有這樣明顯的不同是因為在城市裡，商店營業時間較長，人也相對比較多。這時候，照明就特別重要，比方說一個個豎立街頭、不怕風吹日曬的小兵：路燈。

　　傳統的路燈到了一定的時間就會開啟。不過，有時候因為氣候的變化，天色變暗的時間不一定，路燈卻沒辦法提早或延後開啟，對用路人來說非常不方便。新型的智慧路燈因為加裝了感應器、攝影鏡頭，不僅能視天候情況隨時提供照明，更是多功能的城市守護功臣。它可以是偵測濕度、壓力、風向、風速、降雨量及空氣品質的微型氣象站；也可以加裝太陽能板來自主供電，甚至多餘電力還能拿來供應公用充電站呢！不難想像在未來的世界裡，你我的身邊將會充滿兼具多功能、又能省下許多人力的智慧產品喔！

哇！智慧路燈的功能也太多、太令人讚嘆了吧！

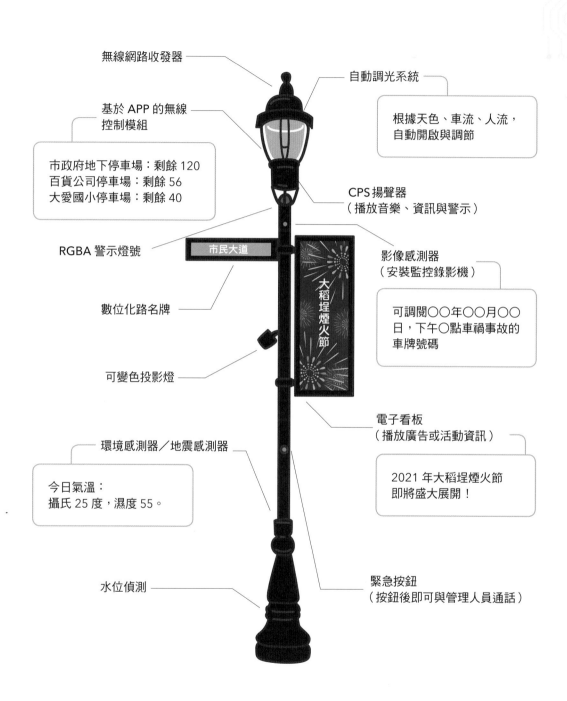

無線網路收發器

自動調光系統

根據天色、車流、人流，自動開啟與調節

基於 APP 的無線控制模組

市政府地下停車場：剩餘 120
百貨公司停車場：剩餘 56
大愛國小停車場：剩餘 40

CPS 揚聲器
（播放音樂、資訊與警示）

RGBA 警示燈號

市民大道

影像感測器
（安裝監控錄影機）

大稻埕煙火節

可調閱○○年○○月○○日，下午○點車禍事故的車牌號碼

數位化路名牌

可變色投影燈

電子看板
（播放廣告或活動資訊）

2021 年大稻埕煙火節即將盛大展開！

環境感測器／地震感測器

今日氣溫：
攝氏 25 度，濕度 55。

水位偵測

緊急按鈕
（按鈕後即可與管理人員通話）

圖 1-5-5　智慧路燈身兼多種功能，不再只侷限於用來照明。

　　現代科技的發展與進步，都是因為我們想要讓生活變得更好、更方便，而「工業革命」便是人類生活發生最大變化的重要開端。在十八世紀末之前，人力或獸力是生產的主力。第一次工業革命時，因為各種機器的發明，大規模的工廠取代了人力生產，可以製造的產品數量變多、效率提高，生活因而獲得改善。

　　到了二十世紀初，電力使用更為普遍，機器生產節省人力、成本，各個行業也因此蓬勃發展，這就是第二次的工業革命。1970 年代開始，因為電腦的發明，電子資料的普及，因此第三次工業革命，也被稱為「數位化革命」。電腦設備加入生產行列，傳統機器變得更自動化、機械化，與以往人工控制為主的生產方式大大不同。

　　近年來，因為人工越來越貴，客戶對於產品的製作要求越來越多，像是要求縮短製作時間，或依據個別需求來製作產品。為了解決這些問題，工廠就需要以更少的成本來達到最高的效率。這時，就輪到邊緣運算與人工智慧技術上場，也就是第四次的工業革命：「智慧工廠」。

　　在智慧工廠裡，除了生產機器（負責統籌生產線上的所有作業），你會看到機器人或者機器手臂（負責單一功能，譬如補充物料、焊接車

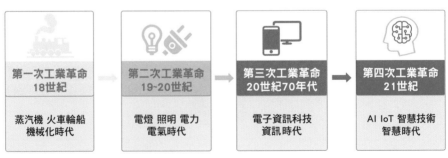

圖 1-5-6　工業革命的發展進程。

窗）是主要生產員。生產速度加快（機器人不用睡覺，也不用吃飯、上廁所），可以在最短的時間裡，完成客製化商品。

　　再加上邊緣運算與人工智慧技術的導入，電腦系統可以即時運算剩餘的庫存原料是否充足，只要發現庫存量不足，電腦系統甚至可以直接向原料供應商下訂單。如此一來，既節省了人力處理的時間成本，也避免了人為因素所產生的錯誤決策！

圖 1-5-7　機器人飛速處理手中各種不同的工作，但人只能處理單一工作。

● 總結

　　透過本章的介紹，相信大家對人工智慧的發展歷史與現今在生活上的應用，都已經有一定程度的認識與理解了吧！那麼接下來我們將帶領各位更進一步進入人工智慧的世界——機器學習領域，一探人工智慧的技術原理，以及我們該如何學習。走吧～讓我們繼續看下去！

2. 機器學習

在 前面的章節中，我們認識了人工智慧的歷史與發展歷程，理解到正因為電腦科學家與其他跨領域的專家們不斷修正錯誤並嘗試新的技術，AI 的應用才能夠在我們的日常生活中逐漸普及，甚至開始改變人類的生活習慣。

相信在對 AI 有了初步認識後，大家必定會開始好奇並想深入理解 AI 的運作原理，甚至想搞懂這些電腦科學家們究竟是怎麼訓練機器完成人類所賦予的任務的？

是什麼？

別急！在本章中，我們就要帶領大家打開人工智慧的大門，理解機器學習的基礎觀念與重要的訓練步驟，並帶大家一起做有趣的資料蒐集與應用體驗。

機器學習在人工智慧發展的重要性

　　在探究人工智慧的運作原理之前，讓我們先跟各位讀者介紹一個名詞「機器學習」（Machine Learning）。這個名詞的基本定義是：希望機器（電腦）可以跟人類一樣具有自主學習的能力，來解決人類無法處理的問題，或是用它來替代人力。

　　電腦科學家對這個名詞的定義有共識之後，便開始反思：「既然我們要機器像人類一樣具有學習能力，那我們人類是怎麼學習的呢？是不是可以從人類的學習方式中發現什麼？」透過這樣的反向思辨，便開啟了人工智慧發展重要的里程。

　　舉例來說，人類是怎麼學習辨識眼前的動物究竟是狗還是貓？大家可以試著回想自己的學習經驗，我們還很小的時候可能是透過圖卡、照片，或是實物，發現有隻動物毛絨絨的，有著細長的鬍鬚、四隻腳，又有尾巴。

　　看到陌生的動物時，我們一開始會搜尋記憶中最相似的名詞，例如可能會說出「狗狗」，而這時大人或老師就會給予我們回應：「太棒了！

牠就是狗狗！」或是：「不對喔！牠並不是狗，而是貓喔！」經過幾次練習之後，漸漸的我們就學會分辨什麼是狗、什麼是貓了。

電腦科學家認為，如果要讓機器像人類一樣具有自主學習的能力，可以把人類的學習流程轉移到電腦上，透過給予它們大量的資料與標準答案來訓練它們識別判斷規則性，進而能夠推論預測結果，這樣的訓練方式就是所謂的「監督式的學習法」（Supervised Learning）。

以監督式學習法為基底，機器學習領域開始蓬勃發展，人工智慧也因此有了良好且穩固的發展基礎，所以我們可以說，機器學習是人工智慧領域最重要的核心技術。

機器學習的種類

大家在理解機器學習的基礎定義與發展概念之後，可能會產生一個錯誤的迷思：「是不是機器學習就是監督式學習呢？」

當然不是！就像我們在第一章中提到的人工智慧發展歷程一樣，機器學習領域的知識也隨著時間的累積，不斷開發出新形態任務所需對應的技術與解決方法，發展至今已經相當成熟且廣為世人所使用。接下

來，就讓我們看看共有幾種不同的機器學習法吧！

■ 監督式學習法：

就如同它字面上的意思一樣，監督式學習法指的是每一筆資料都會附帶一個標籤（label），也就是「標準答案」，來作為機器學習的一個監督者，看看機器學習的結果是否符合標準答案。若是不符，就設計一個反饋機制去做模型的修正。

舉例來說，在大型正式的考試之前（如教育會考、指考、學測等），我們都會透過許多的模擬考卷、練習本，或是作業，來熟悉相關知識的內容。但是如果只有讀題與答題，卻不知自己的答案是否正確，那麼我們寫再多的題目可能都是白費力氣。

相反來說，若是每次作答完畢後，都可以根據正確解答來做批改閱卷的動作，如此一來就能針對答錯的題目進行修正與反思。透過反覆的練習，逐步降低做錯的題數，增加知識理解的程度，最後達到學習的目的。

■ 非監督式學習法（Unsupervised Learning）：

有別於監督式學習法需要每一筆資料都附上標準答案的「標籤」，非監督式學習法則是完全不需要給予電腦正確的答案。這個方法主要是透過給予大量的「資料特徵」（feature），例如產品名稱、產品價格、銷售的時間、數量……等，讓電腦自己透過數學的演算去找出各個資料間的關聯與差異性，並建立出模型來做出相關的推論與判定。

舉例來說，我們將 1,000 張的照片輸入電腦中，但並未在照片相關資訊中標註是何種類別的生物（可能是魚或鳥），電腦會根據相關的演算法分析照片的特徵（例如魚鱗或是翅膀），然後將照片分堆，也就是

所謂的「分群」（clustering）。所以，後續如果有新的照片要進行分類，電腦就會去分析這張新照片的特徵與哪個分群距離最近（譬如都有翅膀），那麼就會將此照片歸類於該分類（譬如分配為鳥類）。

▓ 強化式學習法（Reinforcement Learning）：

　　這個學習法非常類似於人類學習中的經驗法則。舉例來說：一個從沒觸過電的孩子在手濕的情況下誤觸插座接頭，結果觸電。那種痛麻的感覺會帶給他負面的回饋，後續如果他再遇到相同的情境，勢必會勾起這段不愉快的經驗，而提高警覺甚至拒絕碰觸。

　　同樣的道理，一個不經意隨手撿起垃圾的動作卻被父母或老師給予肯定獎勵，這就是一種正向的回饋。這會鼓勵孩子持續做這件事，甚至主動積極去完成類似的事情或任務。

　　強化式學習法就是透過類似的方式，讓 AI 透過行動或決策來與環境進行互動與學習。例如，讓 AI 嘗試玩電競遊戲時，它在某些情境下所做的決策若是讓它被扣分或損失生命值（負向回饋），當它再遇到同樣的情況就會做出修正以避免犯錯。相反的，若當下的決策讓它得分或過關（正向回饋），當它再碰到同樣的情況時，就會持續做出正確的決策囉！

機器學習的5大步驟

了解機器學習的種類，以及機器學習各式各樣的應用方法後，你是否也躍躍欲試，想要親手打造一個專屬機器學習的應用呢？

但你也許會有這樣的疑問：「機器學習看起來似乎很複雜，而且好像需要相當多的電腦知識與技能，會不會要寫一大堆程式？該怎麼踏出第一步？」

別擔心！機器學習雖然沒有想像中簡單，但也沒有艱澀冷僻到無法親近。其實，打造機器學習的歷程是一套相當嚴謹且具系統性的步驟，主要有 5 大流程：

定義問題　　蒐集資料　　處理資料集　　訓練模型　　推論與預測

圖 2-2-1 機器學習的 5 大步驟。

大家在設計規劃一個機器學習的應用之前，務必逐一確實地完成上述步驟，同時也不斷檢視自己在各個步驟中是否還有可以改善的地方，這樣才能更清楚下一步該怎麼進行，而不會迷失方向。

接下來，我們將一步步帶領大家認識這些步驟流程，並舉例說明每個步驟所需進行的任務內容。

定義問題

在進行任何機器學習的設計規劃之前，我們所需做的第一件事，就是先靜下心來想想：「我要藉由機器學習來解決什麼問題？要應用在什麼地方？這個問題是否一定得靠機器學習來解決？」

不可否認，目前機器學習的確已經可以幫人類做到很多事（例如：車牌辨識、自動駕駛、語音助理、地圖導航等），但這並不代表機器學習是萬能的，而且人類大多數的問題（治療疾病、法律判定、教育指導等）目前還是無法完全依靠機器學習來解決。

所以，進行機器學習的第一步就是「定義問題」。我們得先想好一個問題，確認它可以透過機器學習來解決，再進一步把重點放在機器學習的哪些方法及技術可以幫忙解決這個問題。舉例來說，我們想要利用AI來：

1. 辨識照片中的水果究竟是蘋果還是奇異果？
2. 辨識影片中的人是否為陌生人？
3. 沒有複習功課，不知小明數學考試可以拿幾分？

問題 1~2 都很適合由機器學習來協助處理，但問題 3 在現階段很明顯仍無法透過機器學習做處理，因為它牽涉到每個人的認知差異，並非可以客觀衡量的問題。

「問好的問題，才有好的答案；問對的問題，才有對的答案！」大家在確認問題可以透過機器學習的方法來解決之後，就可以進入下一個階段「蒐集資料」囉！

蒐集資料

假設把機器學習比擬成一艘要飛往火星探險的太空梭，那麼資料的蒐集就是火箭發射過程中最重要的燃料了。要推進機器學習不斷往前（修正到最好），資料量的大小與好壞就決定了這段旅程的品質高低與視野大小。

所以，定義好問題之後，大家就得開始構思解決這個問題所需的資料是什麼，進而著手準備相關的資料集，讓機器學習的演算法可以從這些資料的特徵中找出規律與模式，並建立起處理相同資料的模型。

舉例來說，如果我們的問題是：「辨識照片中的水果究竟是蘋果還是奇異果？」在我們確定這個問題是可以透過機器學習來解決之後，接著就會需要為這個機器學習模型準備所需的資料集，這個資料集大致上會像是這個樣子：

1. 盡可能蒐集蘋果與奇異果的圖片，越多越好，而且要有各種拍攝角度，或是不同品種的圖片。

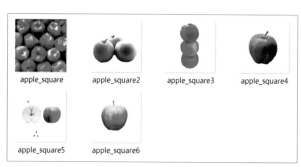

圖 2-2-2 Apple 資料夾中有大量的蘋果照片。

2. 將這兩種水果的圖片，依照類別分別放在 2 個不同的資料夾，例如：Apple、Kiwi。

這裡要特別提醒大家，如果要讓機器學習達到預期的判定效果，資料集的數量與品質是相當重要的！

根據經驗，一個簡單的水果類別可能就需要上千張照片（資料），才能夠建立一個堪用的模型進行應用，因此蒐集的資料集越全面，機器學習的辨識率就會越高，所以在「蒐集資料」這個階段，可千萬不能馬虎喔！

● 處理資料集

我們辛辛苦苦把機器學習所需的資料都準備好之後，是不是馬上就可以放到電腦裡讓機器學習了呢？

不！先別急，因為電腦只看得懂數值資料，所以我們得花一些時間將資料整理好，讓電腦的演算法可以順利地解讀資料。透過品質好的資料，機器學習的演算法才能夠理解與消化，進而發揮功用找出其中的規律與模式。這個過程通常就被稱為「資料前處理」（Data Preprocessing）。

資料前處理可以說是整個機器學習進行的過程中，最花費心力與時間的步驟。我們要面對的不只是單純把資料轉換成數值，常常還需要透過一些專業知識與證據來找出各個變數間的交互關係，以及哪些變數對定義問題的影響最大。

舉例來說，我們可能蒐集了一大堆的環境偵測資料，但如果定義的問題是「預測明日 PM 2.5 的數值？」，那麼在資料前處理的階段，

我們除了轉換數值、填補人為缺失遺漏的數值外，同時也得考量是否有其他變數（例如季節性、風向，或是觀測地點的差異等）會對 PM 2.5 造成影響？這些數值與變數是否有明確被蒐集到資料集中？如果資料集中出現了大量不必要的資料而影響模型的訓練，是不是該予以刪除？……資料集處理得好不好，將會直接影響訓練出來的機器學習模型的準確度與可應用性。

再以前面的水果辨識資料集為例，如果 2 種水果的照片我們分別都蒐集到上百張，但其中可能有模糊不清的，也可能有放錯資料夾的，或是同張照片中有 2 種以上的水果等等問題。

這時我們就得依照實際情況，透過各種工具或程式來處理，以確保資料已經去蕪存菁，是最「乾淨」的資料。確實做好這個步驟，接下來機器學習的演算法才可以根據這些好資料，達成良好的學習效果。

● 訓練模型

來到這個步驟，我們就真正要用準備好的資料集來進行機器學習的模型訓練了。但大多數的初學者在開始前可能會先遇到一個蠻傷腦筋的問題，那就是機器學習的演算法實在太多了，而每一種演算法擅長處理的問題也各有不同，有時甚至還會需要同時使用多種演算法。那麼究竟我們該如何選擇呢？

要解決這個問題其實需要累積大量的經驗，並沒有最好的方法，但有最適合的方法。初學者也不需要太擔心，如何選擇機器學習的演算法，其實是有方向以及資源可以作為參考的。

右頁圖表是由知名的機器學習套件 Scikit-Learn 網站所提供的演算法挑選指南（參考網址：https://scikit-learn.org/stable/tutorial/machine_

learning_map/index.html）所整理改寫而成。我們可依循此圖表挑選適合自己專案的演算法，以便進行模型訓練。

非監督式學習：集群	監督式學習：分類	監督式學習：迴歸
k-means	Linear SVM 支援向量機	SGDRegressor
k-modes	Naïve Bayes 樸素貝葉斯	Elastic Net
	Decision Tree 決策樹	Gradient Boosting Tree
	Logistic Regression 羅吉斯迴歸	XGBoost
	Random Forest 隨機森林	

表 2-2-3 不同類型的機器學習演算法。

大家在找到適合的演算法後，將蒐集並整理好的資料集分為 2 個部分，其中 60% ～ 80% 是訓練用的資料集（Training Data Set），剩下的部分便是測試用的資料集（Test Data Set）。

這個概念其實非常容易理解，大家可以回想自己在求學過程中的一些考試經驗。例如在數學段考前，老師可能會給我們一些練習題或是考古題（這些題目就是訓練資料集），讓我們在考試前練習相關的知識。

但考試當天我們所做的題目，通常不會是之前所寫過的那些練習題，或許會有相關，但可能會更改數據或敘述，整體來說應該是全新沒看過的題目（這就是測試資料集）。如果通過了考試，就代表我們透過練習題所訓練出的理解能力，是足以用在處理先前沒見過的題目的。

機器學習的模型訓練就像上述的狀況，利用訓練資料集讓你的機器學習演算法從中學習你想要它學會的事。這個過程結束後會得到一個機器學習的模型。此時，再使用剩下的測試資料集來測試這個模型的學習成果是好還是壞。

如果學習成果不佳，也就是準確率不高的話，那我們應該回到上一

步去審視資料集是否有缺失（不夠乾淨），或是需要再蒐集更多的資料（不夠多）。確認上述步驟後，也可以嘗試是否要選擇其他演算法，或是調整演算法的參數等等。

經過如此反覆的嘗試後，最後會訓練出一個準確度很好的模型。這時，我們的機器學習之旅，也將進入最後一個步驟——推論與預測囉！

● 推論與預測

恭喜大家，終於來到最後一個步驟。前面我們經過重重關卡，終於訓練出自己的機器學習模型，接下來最重要的就是要拿來測試看看。

在機器學習裡，將新的資料輸入建立好的模型，並進行結果預測的過程，就稱為「推論」（inference）。這裡我們想幫大家建立一個很重要的觀念：「機器學習的模型所判斷出來的結果，並非絕對的對錯選項，而是相對的機率高低。」

簡單來說，我們所看到的結果其實是模型預測出來的相對機率。舉前面的水果辨識為例，當我們輸入一張未知的水果圖片，機器學習的模型在判斷圖片時，也許會推論出它有 90% 的機率是蘋果，10% 可能是奇異果，因為相比之下機率高的答案是蘋果，所以顯示的推論結果就會是蘋果。

說到這裡，聰明的你一定會發現，那如果判定的機率是 51%，那麼不是接近用猜的了嗎？沒錯！所以當你發現最後模型所給的答案不夠好時，又或者你希望它能辨識更多種類的水果，就必須重新回到步驟二「蒐集資料」，再進行資料處理，接著再重新訓練出新的模型，如此反覆循環這些步驟才行喔！

最後，我們幫大家總結複習一下本小節的重點，進行機器學習的 5 大流程步驟分別為：

1. 定義問題
2. 蒐集資料
3. 處理資料集
4. 訓練模型
5. 推論及預測

首先最重要的前提是要先定義清楚問題，然後蒐集相關的資料。接著將資料整理成適合電腦處理的格式，例如：資料庫、csv 檔案、文字檔、圖片檔等等。最後，再選擇適合的機器學習演算法，將資料輸入電腦後透過演算法進行學習。最後，使用建立好的模型，將新的資料送給模型進行預測與應用。

如果準確率還不錯，那麼恭喜你，大功告成！如果準確率不如預期，沒關係，再重新回到步驟二的蒐集資料，重新審視資料集哪裡有缺失，或是數量不足等問題。重新修正後，再重新訓練及預測。一直重複這個循環，只到成果滿意為止。

只要耐心的依著這 5 個步驟，你就能一步步打造出屬於自己的機器學習模型囉！

資料蒐集太重要～
體驗 Quick, Draw!

參考網址 https://quickdraw.withgoogle.com/，或掃描 QR-Code

　　在上個小節中，大家已經理解到資料蒐集就相當於推動機器學習發展的燃料般重要，為了讓各位深刻體認這個重要的核心概念，現在我們要介紹一個全球最大的塗鴉資料庫：Quick, Draw!。這個網站能讓你透過手繪塗鴉遊戲來與 AI 互動，讓 AI 猜出你到底在畫什麼！

Step 1　　登入 Quick, Draw!

　　請輸入以下網址 https://quickdraw. withgoogle.com/，或是掃描上方 QR-Code 進入該網站（如圖 2-3-1），並點擊「開始塗鴉！」。

圖 2-3-1 Quick, Draw! 官網首頁。

限時塗鴉！

類神經網路能學會辨識塗鴉嗎？

只要將你的繪圖加到全世界最大的塗鴉資料集，就能協助訓練這個類神經網路。這個資料集的內容會公開分享，為機器學習研究提供參考資料。

開始塗鴉！

點擊「我知道了！」開始塗鴉

接著請點擊「我知道了！」這個功能鍵進行塗鴉。接下來電腦會隨機出現 6 個指定題目，例如圖 2-3-2 中所出現的題目是「花」，這時大家就可以透過滑鼠開始繪製自己腦海中花的樣貌。

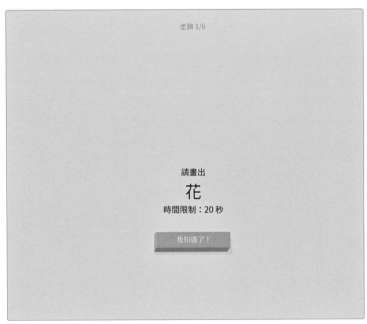

圖 2-3-2 點擊「我知道了！」開始進行塗鴉。

Step 3 **你畫圖，AI 做推論！**

網站會請你在 20 秒內畫出指定題目（共計 6 張）讓 AI 模型去推論你正在繪製的圖是什麼。你開始繪製的同時，AI 就已經一邊在推論猜測了（如下頁圖 2-3-3）。完成 6 張圖後，網站會將結果一併呈現出來。

圖 2-3-3 完成 6 張圖後，網站會將結果一併呈現。

Step4　太神奇了，究竟 AI 是怎麼辦到的？

　　當你嘗試畫完 6 張圖後，你可以看出 AI 對於看懂你在畫什麼有一定程度的能力，而這是怎麼做到的呢？你可以點擊剛剛繪製完成的 6 張圖片中任一張 AI 推論正確的圖片。

　　舉例來說我們點選了聽診器這張圖片，接著網站就會顯示出其他人在繪製聽診器時是怎麼畫的。透過其他人繪製的圖形，AI 模型學習了那些圖形的特徵來推測出你所繪製的也是聽診器。

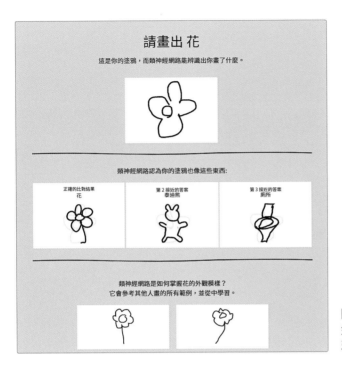

請畫出花

這是你的塗鴉，而類神經網路能辨識出你畫了什麼。

類神經網路認為你的塗鴉也像這些東西：

正確的比對結果
花

第 2 接近的答案
泰迪熊

第 3 接近的答案
廁所

類神經網路是如何掌握花的外觀模樣？
它會參考其他人畫的所有範例，並從中學習。

圖 2-3-4 原來 AI 是透過蒐集其他人繪製的塗鴉來訓練模型。

Step 5　探索全球最大塗鴉資料庫

接著請大家按下「返回」功能鍵回到首頁，再點擊畫面中央「全世界最大的塗鴉資料集」連結（如圖 2-3-5），你就可以看到其他人究竟是怎麼畫出他

限時塗鴉！

類神經網路能學會辨識塗鴉嗎？

只要將你的繪圖加到全世界最大的塗鴉資料集，就能協助訓練這個類神經網路。這個資料集的內容會公開分享，為機器學習研究提供參考資料。

開始塗鴉！

圖 2-3-5 點擊「全世界最大的塗鴉資料集」連結，進入塗鴉資料庫。

們心中所想像的圖樣，以及 AI 究竟是蒐集了哪些資料才學會推論我們所繪製的圖形。

Step 6 **這就是資料蒐集的樣貌**

進入分頁後，大家會看到各式各樣的圖像範例資料庫（如圖 2-3-6）。我們可以嘗試點擊其中的 Apple 圖樣做觀察（如圖 2-3-7），想必你一定會驚訝的發現：「原來蘋果也可以有這麼多不同的畫法，甚至連筆畫順序也大不相同！」

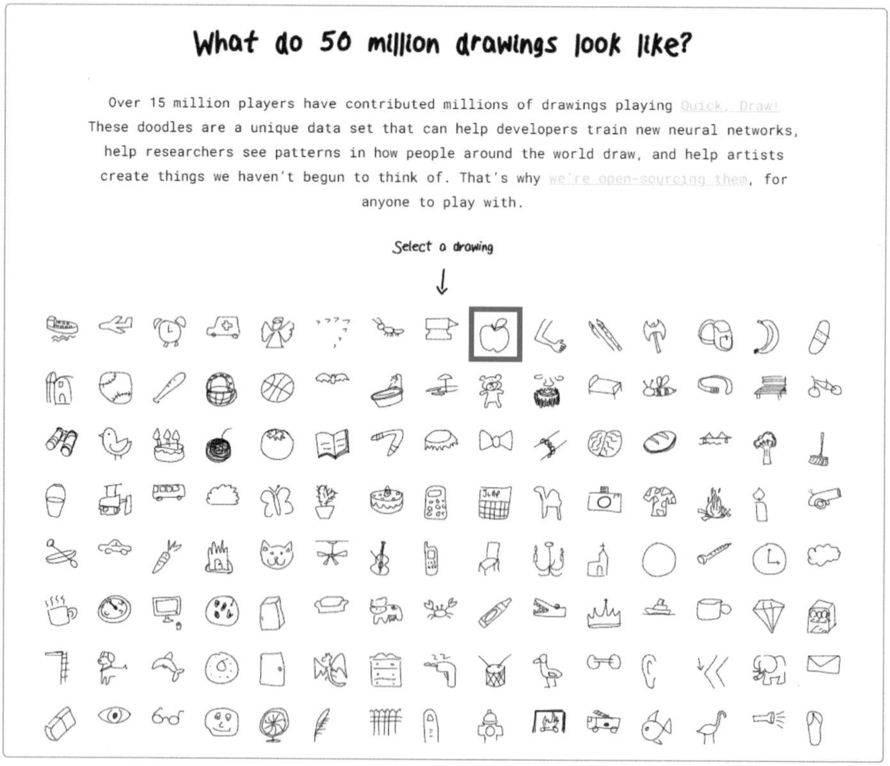

圖 2-3-6 進入塗鴉資料庫，發現各式各樣的塗鴉集。

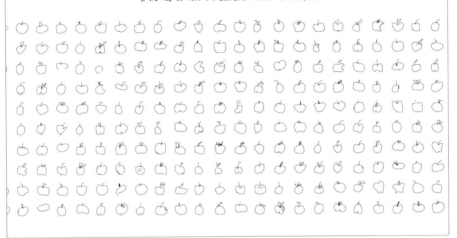

圖 2-3-7 全球各種繪製 Apple 的塗鴉方式與筆順。

● 總結

　　透過這個互動網站的體驗，想必大家一定對資料蒐集的重要性有深刻的體認與理解了。在下一章中，我們就要自己動手做機器學習的模型訓練囉！準備好了嗎？現在就出發吧！

3 動手做AI，

從前面兩章的介紹中，我們已經了解 AI 的基礎與發展歷史，不知你是否跟我有一樣的感覺：AI 真的很神奇呢！

因為對 AI 有了認識，我們不難理解未來的新世界中，與人工智慧相關的技術與應用勢必將大大影響人類的生活。此時此刻，專家學者們正努力開發將人工智慧應用在人類生活中的各種可能，許多有創意的重要發明不斷被提出，也確實改變了人類的生活習慣。

但難道只有實驗室裡的科學家才能夠實踐這些創意發想嗎？缺乏專業知識或高階設備的人，就不能跨入這道門檻進行應用開發嗎？不，這是錯誤的理解喔！只要有心，其實你我都可以加入這場改變世界的戰役呢！

AI 在我手！

拜網路技術與程式軟體發
達之賜，出現了許多無需撰寫
程式碼的 AI 應用開發工具或
平台，因此即便你不熟悉人工
智慧技術，但只要你有好的創
意，也能親手訓練 AI 模型來
實踐自己的想法。

在接下來的章節中，我們
就要帶領大家一步步熟悉這些
工具與平台，並透過它們創造
屬於自己的 AI 專案！

上網做 AI（影像辨識）：
Google 的
Teachable Machine

參考網址：https://teachablemachine.withgoogle.com/，或掃描 QR-Code

　　首先，我們要介紹的工具是由全球最大的科技公司 Google 公司所開發的 Teachable Machine。

　　它是一個簡易且免費的網頁工具，使用者在這個平台上不需要撰寫任何程式碼，也不需具備很專業的 AI 知識就能完成屬於自己的影像辨識、語音辨識、姿態辨識等專案。

　　雖然這個網站是全英文的介面，但不用擔心，裡頭的說明文字大都是一些很常見且易懂的單字，例如 training（訓練）、Image（影像）、Sample（樣本）……等。我們也將在後面的範例專案中一步步帶領大家練習操作，理解每個步驟的使用方法與功能性。

● 來玩剪刀、石頭、布！

Step 1　選擇影像辨識專案

　　讀者在進入官網後，請點選畫面中藍底白字的 Get Started（如圖 3-1-1 所示），接著會出現圖 3-1-2 頁面。此網站上目前共有 3 種創意專案類型可供選擇，在此我們先點選 Image Project（影像專案）。

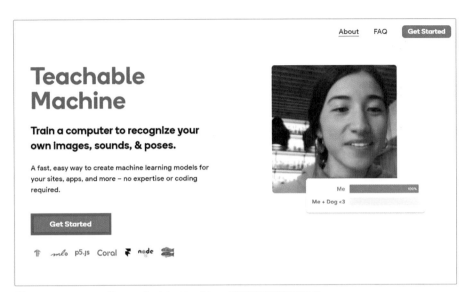

圖 3-1-1 Google 的 Teachable Machine 機器學習訓練平台。

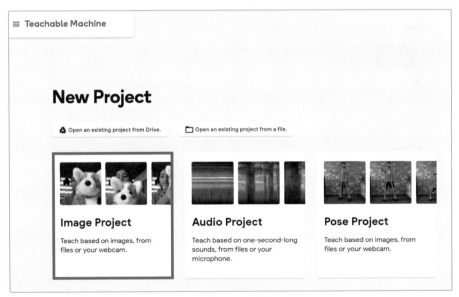

圖 3-1-2 點選最左邊的 Image Project（影像專案）。

Step 2 建立類別名稱

因為我們希望這個 AI 模型可以辨識剪刀、石頭、布這 3 種不同的手勢，所以依序在 Class 1 的位置點擊畫筆的功能鍵（如圖 3-1-3），並輸入「剪刀」這個類別名稱，輸入完按下 Enter 鍵即可（如圖 3-1-4）。

★提醒：類別名稱是可以輸入中文名稱的，當然你也可以輸入英文名稱！

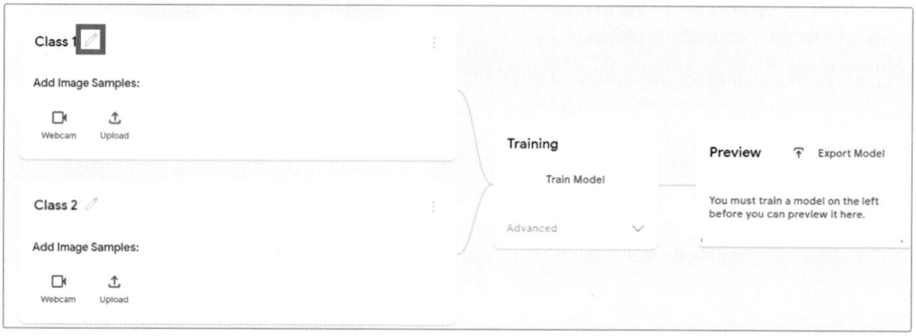

圖 3-1-3 點擊 Class 1 的畫筆。

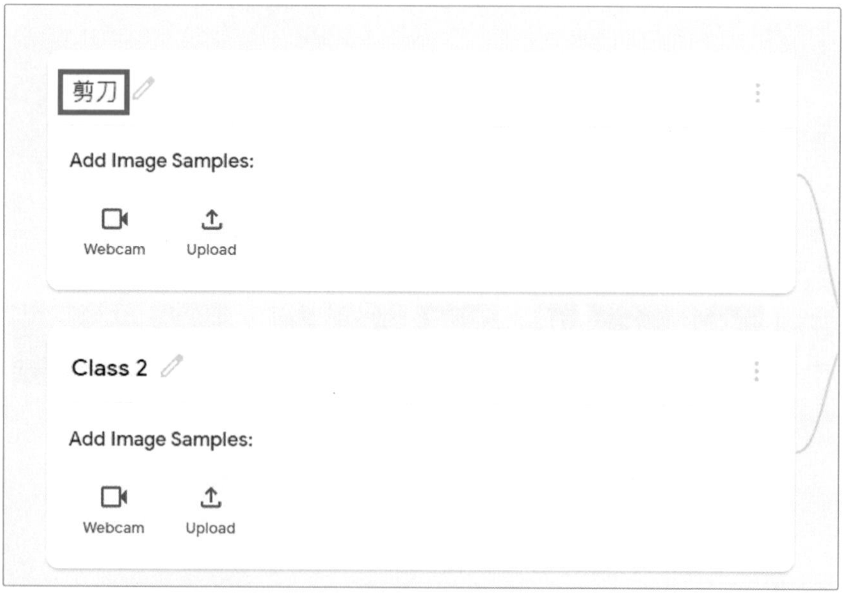

圖 3-1-4 輸入類別名稱「剪刀」，並按下 Enter 鍵。

輸入影像資料

　　輸入與建立類別名稱後，緊接著我們需要將這個類別的影像訓練資料上傳到雲端的伺服器進行模型訓練。上傳資料的方式有 2 種，分別是利用視訊鏡頭（Webcam）直接拍照擷取，或是上傳（Upload）預先準備好的影像資料集。

　　在此，我們介紹利用視訊鏡頭來進行影像蒐集：

Ⓐ 準備一個可以正常使用的視訊鏡頭，連接到主機電腦並安裝好驅動程式（如圖3-1-5，本範例使用Logi-C270）。

圖 3-1-5 準備好視訊設備（Webcam），以便蒐集影像資料。

Ⓑ 點擊 Webcam 功能鍵，靜待圖框出現即時影像後就能進行拍攝與資料蒐集的工作（如圖 3-1-6）。

圖 3-1-6 點擊 Webcam 功能鍵後，網頁會啟動連接視訊鏡頭，靜待影像出現。

Ⓒ 擺出剪刀的手勢，並同時點擊藍底白字的

Hold to Record 功能鍵，會發現影像已被拍攝並進行蒐集。建議手勢的擺放位置可遠可近、正擺、反擺、不同角度都做拍攝紀錄（如圖 3-1-7），大約拍攝 50 張即可。

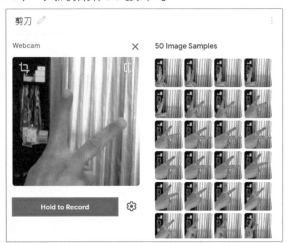

圖 3-1-7 點擊 Hold to Record 功能鍵進行影像資料蒐集，不同角度共約 50 張。

Step 4 建立其他類別名稱並蒐集相關影像資料

重複步驟二與三，建立與蒐集石頭、布這 2 個類別的名稱與影像資料。在建立好第二個類別「石頭」後，會發現沒有其他類別可以新增了？

圖 3-1-8 點擊 Add a class 功能鍵，新增新的類別空間。

別擔心，此時可以點擊下方 Add a class 功能鍵，新增一個新類別的工作區（如圖 3-1-8），就能依照上述步驟再將第三個類別「布」建置完成（如圖 3-1-9）。

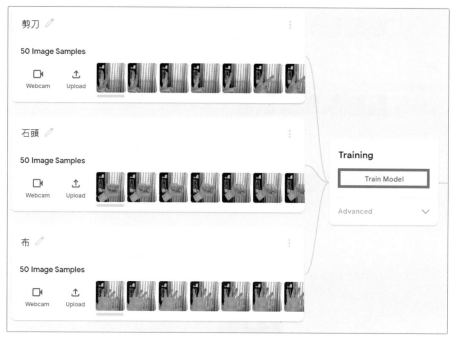

圖 3-1-9 依序完成剪刀、石頭、布等 3 個類別名稱建立與影像資料的蒐集。

Step 5　進行模型訓練與應用

在完成前述的 4 個步驟後，我們已經蒐集好所有影像資料並做好分類，接著只要按下 Train Model（訓練模型）的功能鍵（如圖 3-1-9），就能讓雲端伺服器協助我們透過這些資料進行 AI 的模型訓練（如圖 3-1-10）。

靜待模型訓練好後，就能在最右方 Preview（預覽）的方框中，將

要判定的手勢（如剪刀）擺在鏡頭中央，AI 模型就會立即顯示出該手勢的判定結果機率（如圖 3-1-11）。

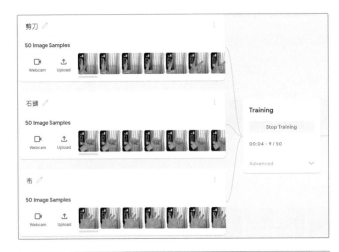

圖 3-1-10 按下 Train Model 功能鍵後，系統會開始進行訓練。

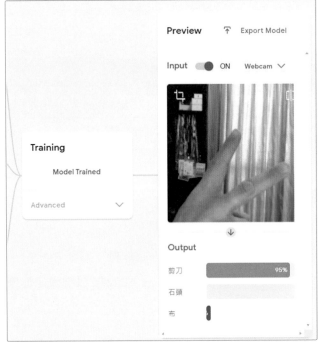

圖 3-1-11 完成訓練後，將欲判定的手勢擺在鏡頭中即可得知系統判定的機率結果。

網路斷線也要 AI（影像辨識）：
Microsoft 的 Lobe

參考網址：https://lobe.ai/，或掃描 QR-Code

相信在介紹 Teachable Machine 的應用之後，大家對於如何訓練 AI 模型已經有了相當的經驗，也應該不再害怕自己動手囉！

打鐵要趁熱，現在我們要介紹給大家的工具是另一家全球科技巨擘 Microsoft 微軟公司所推出的 Lobe 人工智慧模型訓練軟體。

有別於 Teachable Machine 在操作時需要網路連線暢通的環境，Lobe 是一個下載後可以直接在電腦桌機上操作的軟體（或稱應用程式）。Lobe 是一個介面簡潔且免費的 AI 模型訓練工具，使用者同樣不需要撰寫任何的程式碼，就可完成自己設計的影像或姿態辨識，甚至是聲音辨識等專案。

現在，我們也將帶領大家一步步認識 Lobe 最重要的功能與使用方法。

Step 1 **下載軟體**

　　進入官網後（如圖 3-2-1），請點擊主畫面右上方的 Download（下載）字樣，接著將出現圖 3-2-2 的畫面。在這裡我們必須先填寫基本資料（Name 與 Email 為必填欄位），填寫完畢後點擊 Download 功能鍵即可免費下載（如圖 3-2-3）。

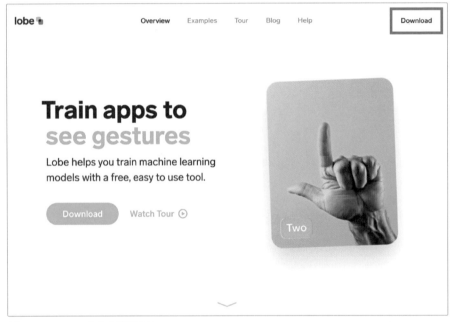

圖 3-2-1 Lobe 官方網站頁面。

圖 3-2-2 必須填寫上述欄位內容才能下載軟體。

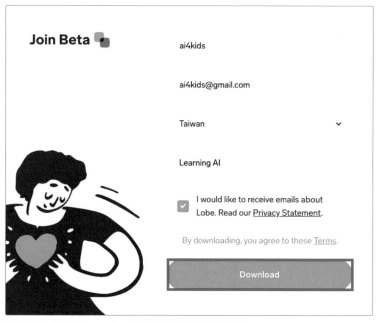

圖 3-2-3 點擊 Download 功能鍵即可下載軟體。

安裝軟體

在完成軟體下載後,大家應該可以看到名稱為 Lobe 的檔案(如圖 3-2-4),確認無誤後即可點擊進行安裝。進入安裝程序後(如圖 3-2-5),接續點選 Install(安裝)功能鍵,系統便會開始自動進行安裝,沒多久就會出現圖 3-2-6 畫面,這時僅需再按下 Finish(完成)功能鍵就大功告成囉!

圖 3-2-4 點擊 Lobe 應用程式進行安裝。

圖 3-2-5 點擊 Install 功能鍵進入安裝程序。

圖 3-2-6 點擊 Finish 功能鍵完成安裝。

創建新專案

　　在順利完成安裝後，開啟 Lobe 應用軟體，會看到如圖 3-2-7 的畫面，點擊下方 New Project（新專案）功能鍵，就能開始逐步設計我們自己的影像辨識 AI 模型囉！

　　在 Untitled（未命名標題，如圖 3-2-8）的位置輸入「1.2.3 數數兒」當作專案名稱（如圖 3-2-9），接著就可以開始像操作 Teachable Machine 一樣，輸入資料作為模型訓練的素材。

圖 3-2-7 點擊 New Project 建立專案。

圖 3-2-8 在 Untitled（未命名標題）中輸入專案名稱「1.2.3. 數數兒」。

圖 3-2-9 完成專案名稱輸入與建立。

Step 4　影像的導入

　　首先，點選圖 3-2-10 右上角的 Import（導入）功能鍵，此時系統會詢問要採用何種方式導入影像資料。Lobe 共有 3 種匯入資料的方式，在此範例中，我們選擇中間的 Camera（攝像機）選項作為說明（如圖 3-2-11），但大家可以視自己的環境與設備來調整合適的對應方式。若連接 Webcam 正確，系統會自動開啟即時視訊鏡頭進行影像的擷取（如圖 3-2-12）。

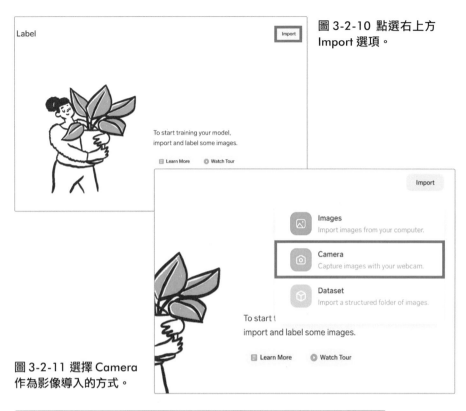

圖 3-2-10 點選右上方 Import 選項。

圖 3-2-11 選擇 Camera 作為影像導入的方式。

圖 3-2-12 順利啟動 Webcam，系統會自動擷取即時影像。

Step 5 **建立類別名稱與蒐集影像資料**

　　接下來的步驟是模型訓練最重要的一步：建立類別名稱與蒐集影像資料。在圖 3-2-13 左下方 Label（標籤）字樣上輸入想建立的類別名稱，在此範例中我們要輸入並建立的是數字 1 的類別，請在視訊鏡頭前用手指比出 1，並點擊畫面中央下方的小圓圈進行拍攝（如圖 3-2-14）。

　　點擊一下即拍攝 1 張，這邊會鼓勵大家從不同的角度與距離拍攝蒐集至少 5 張的影像資料（如圖 3-2-15），並按下右上角的 Done（完成）功能鍵即可完成資料輸入。接著再重複步驟四到五，依序建立起數字 2 與 3 的類別圖像資料（如圖 3-2-16）。

圖 3-2-13 點擊左下方 Label 字樣，並輸入數字 1。

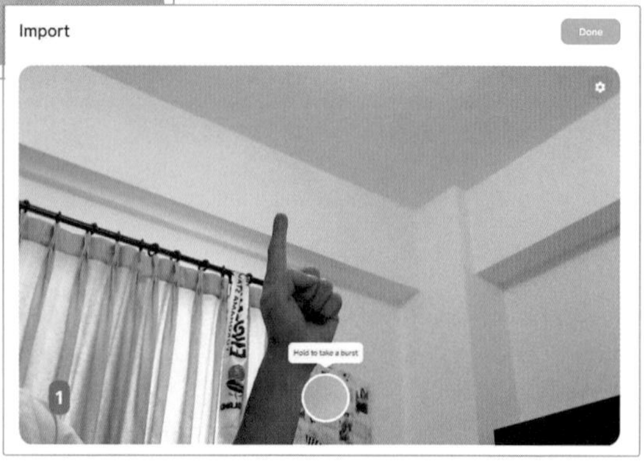

圖 3-2-14 用手指比出 1 的手勢，並點擊畫面下方的圓圈進行拍攝。

圖 3-2-15 從不同角度與距離拍攝蒐集至少 5 張的影像資料。

圖 3-2-16 建立好 3 個數字的類別資料集。

資料修正

　　當你建立好類別並蒐集好資料時，系統就會自動進行模型訓練，並將判定結果與預測結果產生差異的影像資料顯示出來。請大家按下左邊功能列中的 Train（訓練）選項，你可能會發現有一些類別出現紅色警示，如圖 3-2-17。

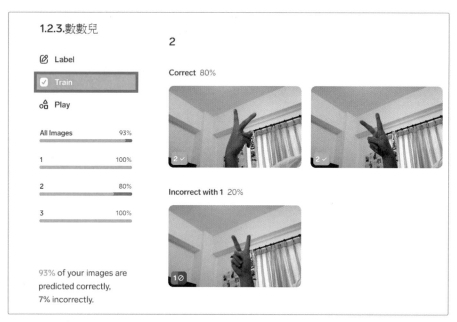

圖 3-2-17 在 Train 的選項中，點擊手勢 1 的類別，右方會出現判定有問題的資料照片。

　　請別擔心，我們接下來要做的就是進行資料的校正。舉例來說，點選類別號碼為 2 的選項，畫面右側即會出現模型偵測結果與當時標著不同類別的照片（如圖 3-2-17）。

　　接下來，就請大家依序點擊有問題的影像左下角的紅色標註，系統會輕彈出可修正的類別選項，如圖 3-2-18 的照片應為 2 號手勢，但系統確標註成 1，此時我們就可以透過修正選項將其改正為 2。

依序將所有出現問題的照片進行修正後，所有的影像都會呈現青綠色（表示模型判定正確）就如圖 3-2-19 所示；相反來說，應該會看不到被標註為紅色的影像（表示模型判定有誤）。

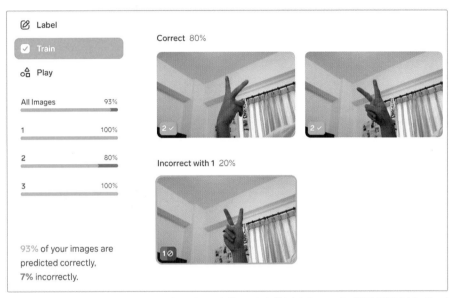

圖 3-2-18 點擊紅框處的區域，修正為正確的選項（此例應為 2，但模型錯誤判定成 1）。

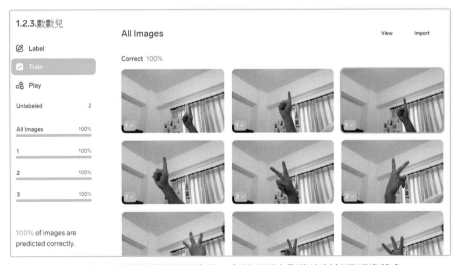

圖 3-2-19 依序修正好標註錯誤的照片後，會發現所有影像資料都呈現青綠色。

Step 7 **模型應用**

　　恭喜你，在辛苦完成前面的步驟後，現在就可以享受豐盛的成果囉！請點擊左方選項的 Play（執行），將訓練好的模型進行應用。在鏡頭前面比出你想要偵測的手勢，例如圖 3-2-20 中真實手勢為 1，而 AI 模型辨識的結果（左下角綠底白字）也正確顯示為 1。

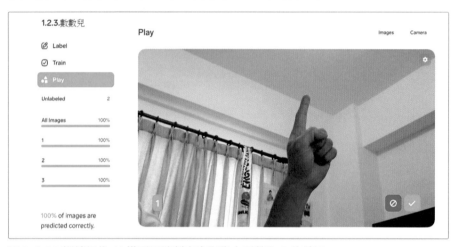

圖 3-2-20 訓練好的 AI 模型正確判定出影像中手勢為 1 的結果。

　　同理，如果手勢為 3 那麼模型判定的結果也應該符合這樣的預期，圖 3-2-21 果真正確完成辨識其結果為 3 呢！

圖 3-2-21 訓練好 的 AI 模型正確判定出影像中手勢為 3 的結果。

AI 聲音辨識

參考網址：https://teachablemachine.withgoogle.com/，或掃描 QR-Code

　　自從 2011 年蘋果電腦發表 Siri 語音助理以來，幾乎所有手機作業系統都有專屬的語音辨識系統，例如 Android 陣營的 Google Assistant。

　　除此之外，在生活應用上也有不少透過語音辨識來完成相關作業的發展，例如我們常見的文書處理系統 Word，也可以透過語音進行文字輸入（參考網址：https://reurl.cc/V3MxmN，或掃描右方 QR-Code）。

　　這些應用與發展都要歸功於 AI 語音辨識的成功，因此我們可以說語音辨識是 AI 領域除了影像辨識外另一個重要成就，它不僅解決了不少問題，也改變了人類的許多生活習慣。

　　在介紹 2 個重要的 AI 實作工具後，相信大家會發現它們的操作原理與流程其實相當類似。而透過前面章節，大家對於影像辨識的模型訓練應該已經有基本概念，接著我們要帶領大家再次利用 Teachable Machine 來訓練不同類型的 AI 應用模型——聲音辨識！

Step 1 選擇聲音辨識專案

如同 3-1 小節的說明，請大家進入 Teachable Machine 官網後，直接點選畫面中藍底白字的 Get Started（如圖 3-3-1），接著會出現圖 3-3-2 的頁面，接下來請選擇 Audio Project（聲音專案）。

圖 3-3-1 Google 的 Teachable Machine 機器學習訓練平台。

圖 3-3-2 點選中間的 Audio Project（聲音專案）。

Step 2 建立背景噪聲

不同於 3-1 小節中說明的影像辨識，在此我們要訓練的是 AI 聲音辨識模型，而聲音訊息的接收會是持續發生的。即便我們沒有發出任何

聲音，但實際上一般空間內還是會有大大小小的音頻存在（如鳥叫聲、腳步聲、車輛行經的聲音等）。

　　所以，我們必須先建立一個 Background Noise（背景噪聲）的類別來呈現一般的情境，接著再點擊 Mic（麥克風）功能鍵，進行背景噪聲的收錄（如圖 3-3-3）。

圖 3-3-3 點擊 Mic 的功能鍵，進行背景噪聲的收錄。

　　首先，請必先確認麥克風設備是否已安裝好並測試成功，本範例所使用的 Logi-C270 除視訊影像外，亦內建了麥克風功能（如圖 3-3-4）。

圖 3-3-4 安裝並測試好麥克風設備，本範例所使用之設備同時有視訊及麥克風收音功能（紅框所示）。

點擊 Mic 功能鍵後，會出現麥克風的選定配對畫面（如圖 3-3-5），請正確選擇已安裝好的麥克風設備。選定後，只要按下下方藍底白字的 Record 20 Seconds 功能鍵，系統就會自動開始進行 20 秒的收音，此時請盡量保持安靜以便呈現最自然的靜音情境。

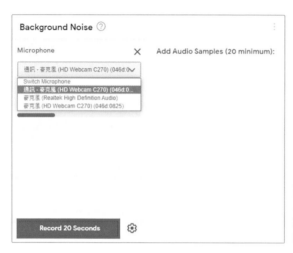

圖 3-3-5 選擇已正確安裝配對之麥克風設備後，點擊 Record 20 Seconds 功能鍵進行 20 秒的背景音收錄。

完成後點選 Extract Sample 即可將此背景音檔收錄於系統中（如圖 3-3-6）。在此提醒各位讀者，背景聲的建立是相當重要的步驟，會大幅影響模型判定的精準度，請確實建立該音檔資料。

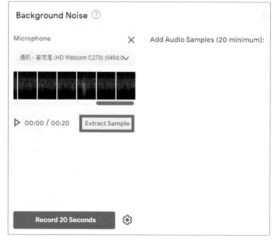

圖 3-3-6 完成 20 秒收音後，點選 Extract Sample 將此音檔收錄於系統中。

如果你認為 20 秒的背景音檔無法真實呈現現場的情況，那麼我們會鼓勵你多錄製幾個背景音檔，不限只能錄製 20 秒（如圖 3-3-7）！

★提醒：但也不是盲目增加，依需求做調整即可。

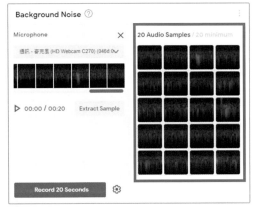

圖 3-3-7 如畫面右側所示，背景音檔被收錄於系統中（不限只能收錄 20 秒，可視情況增加，但至少需要 20 秒）。

Step 3 **建立各類別名稱**

在這個專案中，我們希望 AI 模型可以協助我們透過語音辨識上、下、左、右、前進、後退等 6 個動作指令。

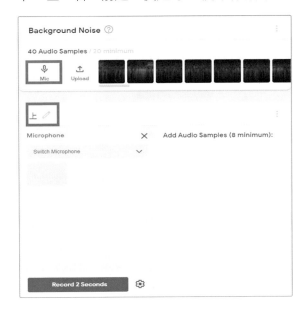

如同 3-1 小節中所示範，請在 Class 2 的位置點擊畫筆功能鍵，建立「上」這個類別，並按下 Mic 準備進行收音（如圖 3-3-8）。

圖 3-3-8 輸入類別名稱「上」，並按下 Mic 功能鍵進入收音畫面。

接著請點擊 Record 2 Seconds 功能鍵，並大聲唸出「上」的發音進行收音建檔，然後按下 Extract Sample 鍵上傳音檔。此處與建立影像辨識模型的概念相當類似，我們可以透過蒐集不同的聲調（男聲或女聲），或是拉長音或縮短音等聲音資料，提高模型辨識的準確度（如圖 3-3-9）。

★提醒：系統要求最少要有 8 秒的資料，但我們鼓勵大家可以盡可能蒐集資料，越多越好。

圖 3-3-9 按下 Record 2 Seconds 功能鍵進行收音，並利用 Extract Sample 將音檔上傳至系統（至少總共要有 8 秒以上的音檔）。

Step 4　建立其他類別名稱與蒐集聲音資料

重複步驟三，分別建立與蒐集下、左、右、前進、後退等類別的名稱與聲音資料集（如圖 3-3-10）。

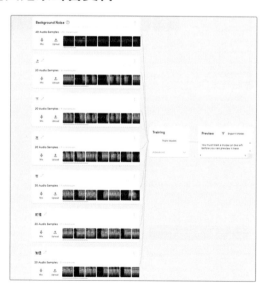

圖 3-3-10 重複相同步驟，依序建立各類別的名稱與聲音資料集。

進行模型訓練與應用

　　順利完成前述 4 個步驟後，相信大家已經迫不及待要利用蒐集好的聲音資料集來訓練模型了。接著只要按下 Train Model 的功能鍵（如圖 3-3-11），就能上傳資料集並讓雲端伺服器協助我們進行 AI 的聲音辨識模型訓練。

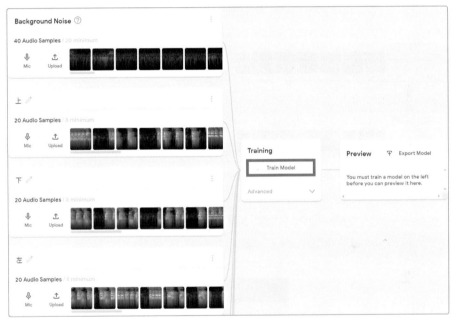

圖 3-3-11 按下 Train Model 功能鍵，即可進行模型訓練。

　　靜待模型訓練好後，就能在最右邊的 Preview 欄位看到模型訓練結果（如下頁圖 3-3-12）。大家可以透過麥克風清楚唸出上、左、前進等指令來測試模型訓練的成果。如下頁圖 3-3-13~15 所示，本範例所完成的辨識模型可清楚判定出相對應的語音。

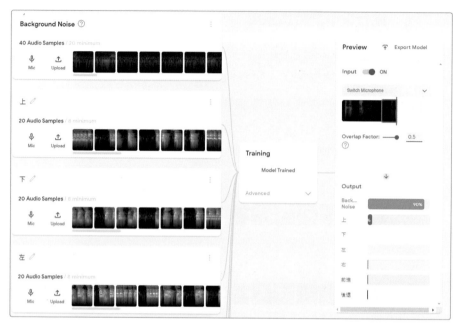

圖 3-3-12 辨識模型訓練完畢，接下來可直接透過麥克風唸出指令判定辨識效果。

圖 3-3-13 作者唸出「上」的讀音，AI 模型清楚辨識此聲音有 95% 的機率為「上」。

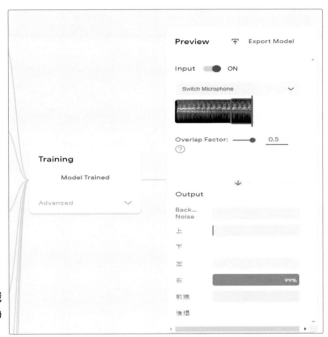

圖3-3-14 作者唸出「右」的讀音，AI 模型清楚辨識此聲音有 99% 的機率為「右」。

圖 3-3-15 作者唸出「前進」的讀音，AI 模型清楚辨識此聲音有 100% 的機率為「前進」。

AI 姿態辨識

3-4

參考網址：https://teachablemachine.withgoogle.com/，或掃描 QR-Code

　　在前面的內容中，我們利用了 Google 的 Teachable Machine 完成了影像辨識、聲音辨識的操作範例，想必各位讀者一定對這個工具有了更深入的了解。在此，我們要向大家介紹的是 Teachable Machine 最後一個專案功能：Pose Project（姿態專案）。

　　影像辨識是人工智慧發展相當重要的領域，而在這個領域中並非只有靜態影像有重大進展，在動態的影像方面也有相當不錯的成績喔！

　　舉例來說，早在 2010 年時，科技巨擘 MicroSoft 微軟公司為旗下的遊戲主機研發出一款新形態的操控設備：Kinect（原文為結合 kinetics、connection 兩個字所創的新詞彙，意思就是透過動力學連接該設備）。它是透過語音指令或手勢及臉部的辨識技術來進行遊戲，人們不再需要被電線綁住，可直接採用姿態辨識來操控電玩遊戲，或與它互動（可參考以下連結之影片：https://youtube/wko9xYa3jC0，或掃描右方 QR-Code）。

　　隨著動態姿體辨識技術越漸成熟，有越來越多的生活應用都有了突破性的發展。例如智慧電視可以透過手勢切換頻道或是調整音量。甚

至也有運動器材商透過這項技術發明了健身鏡，使用者在家做運動時就能透過 AI 偵測自己的身體姿勢是否標準，甚至獲得正確姿勢的建議。

接著我們就要帶領大家再次利用 Teachable Machine 這個軟體工具來訓練另一個 AI 應用模型——姿態辨識囉！

● 魔鏡啊魔鏡～請 AI 告訴我這是什麼姿勢！

Step 1 **選擇姿態辨識專案**

進入 Teachable Machine 官網後，一樣點選畫面中藍底白字的 Get Started 進入專案選擇頁面（如圖 3-4-1），這時請選擇 Pose Project（姿態專案）。

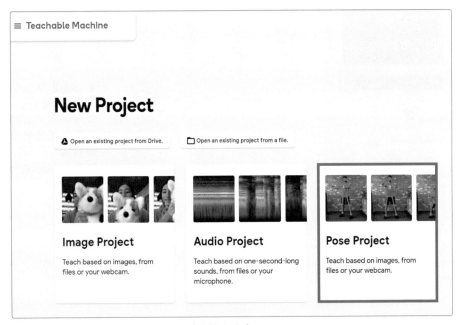

圖 3-4-1 點選右側的 Pose Project（姿態專案）。

Step 2　**建立各類別名稱**

在這個專案中，我們要利用 AI 姿態辨識模型辨識站立、OK、NG、單腳站立等 4 個動作指令。

如同前面小節中所示範，請務必確認已安裝好視訊裝置，並在 Class 1 的位置點擊畫筆功能鍵建立「站立」這個類別名稱，準備收錄該姿態動作的資料集。接著請點擊 Record 2 seconds 字樣旁的齒輪功能鍵，進行個人環境的設定（如圖 3-4-2）。

圖 3-4-2 建立類別名稱「站立」，並確認視訊裝置是否正確啟動及配對成功，按下齒輪功能鍵進行細部設定。

如果你是獨自一人進行模型的操作，也就是你除了操作系統外也要身兼模特兒，那麼延遲攝影的功能就相當重要囉！此外，你也要留意每個設計的動作週期時間是否足夠與恰當。

舉例來說，我們想完成一個深蹲的健身動作大約需要 5 秒鐘，但預設的攝影時間卻只有 2 秒鐘，這樣就會來不及在時間到之前完成動作！

此時，我們就必須在此功能區進行時間修正（可參考圖 3-4-3 的說明）。待設定完成後，即可按下 Save Settings 功能鍵，開始進行姿態類別的資料建立。

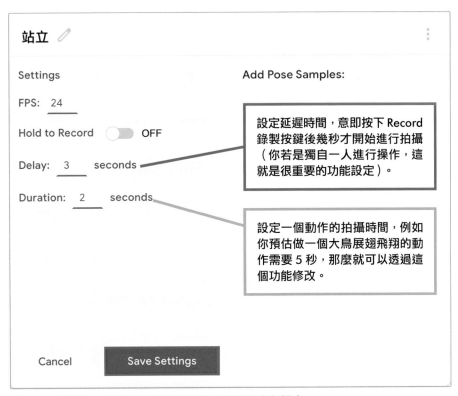

圖 3-4-3 針對個人情境及每個姿態動作所需時間進行設定。

接下來進行站立姿態的資料蒐集。操作方式與之前的小節說明相同，唯一需注意的是資料蒐集的環境務必是「乾淨」的，例如背景與人物之間的顏色盡量有差異、拍攝環境的光線是明亮的，這樣系統在擷取資料時對應姿體的節點（類似人體骨頭的畫面）才會精準，這也會影響到模型判斷的準確性（如下頁圖 3-4-4 所示）。

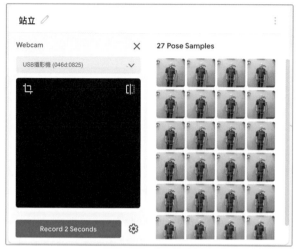

圖 3-4-4 進行站立姿態的資料蒐集。

建立其他類別名稱與蒐集姿態影像資料

重複步驟二，分別建立與蒐集 OK、NG、單腳站立等類別的名稱與姿態影像資料（如圖 3-4-5）。

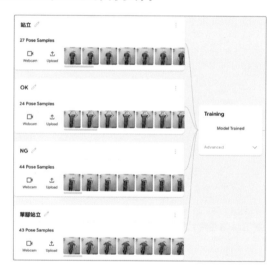

圖 3-4-5 重複相同步驟，依序建立起各類別的名稱與姿態影像資料。

Step 4 **進行模型訓練與應用**

順利完成前述步驟後，接著只要按下 Train Model 功能鍵，就能將這些資料集上傳，並透過雲端伺服器進行 AI 的姿態辨識模型訓練。靜待模型訓練好後，就可以利用視訊鏡頭測試姿態辨識模型的準確度。

本範例是以男性的姿態作為訓練資料集，但在測試的時候刻意選擇以女性作為模特兒來驗證模型是否確實以姿態（骨架位置）作為判定依據。大家可以從圖 3-4-6~3-4-8 發現，在最右邊的 Preview 欄位中模型正確判定真實世界的模特兒所擺出的姿態動作，其判定的效果十分顯著，模型也不會因為性別上的差異就產生誤判的結果呢！

圖 3-4-6 辨識模型訓練完畢，AI 姿態辨識模型正確判定其姿態為「OK」。

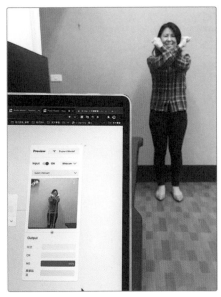

圖 3-4-7 辨識模型訓練完畢，AI 姿態辨識模型正確判定其姿態為「NG」。

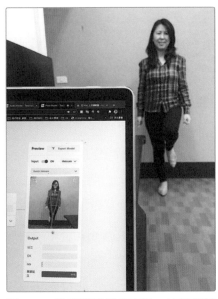

圖 3-4-8 辨識模型訓練完畢，AI 姿態辨識模型正確判定其姿態為「單腳站立」。

動手設計有創意的實作專案

透過本章的介紹，我們認識了 Teachable Machine 及 Lobe 這 2 個工具，並在完全無需撰寫任何程式碼的情況下，實作了 4 個好玩又有趣的 AI 模型，在 3-1 小節中我們完成了可以辨識剪刀、石頭、布的影像辨識模型，在 3-2 小節中我們接續訓練了可以判定手勢所指數字的影像辨識模型。而在 3-3 小節中改採語音來操控進行方向的聲音辨識模型，最後也順利於 3-4 小節利用動態影像的蒐集完成了姿態辨識模型的訓練。

相信大家在實作過程中，一定也覺得很好玩很神奇吧！在此，我們鼓勵大家可以接續自己動手設計一個有創意的實作專案。如果你所處的環境有網路，那麼透過 Teachable Machine 來完成這個 AI 專案會是不錯的選擇。當然，也可能遇到沒有網路的情況，想必聰明的你就會改用 Lobe 這套工具來實現自己的 AI 計畫吧！

開始動手吧，隨時與他人分享你的創意及成果。想必這樣的歷程將會是令人難忘又有趣的，加油喔！

想必到這裡你已經熟悉
Teachable Machine與Lobe的操作方式了。
接下來，我們就要帶大家體驗
4個超酷的AI專案囉！

4 AI 專題實作

在第三章的介紹之後，想必大家一定對於「學AI就一定要會寫程式」這個舊有觀念有了不一樣的認知。

現在你是否想親自動手做一個 AI 專案，解決生活上的問題呢？來吧～在這個章節中，我們就要帶領大家把第二章與第三章所學的內容扎扎實實的複習一遍，同時也將透過實作範例來熟練這些威力強大的工具喔！

範例

實作範例一：
垃圾分類靠 AI

首先，請大家回想在第二章的內容中，我們曾經介紹過打造機器學習需經過一套嚴謹且具系統性的流程，分別是：**定義問題、蒐集資料、處理資料集、訓練模型、推論與預測**。接下來的實作範例，我們就要依循此步驟，一步步建立起一個屬於自己的 AI 應用。

| 定義問題 | 蒐集資料 | 處理資料集 | 訓練模型 | 推論與預測 |

舉例來說，環境保護一直是人類關心的重要議題之一。雖然我們無法立即改善溫室效應，也沒辦法補起臭氧層的大破洞，但我們可以先從自己身邊的環境做起，比如垃圾分類就是一個很重要且人人都能做到的動作。

因此，我們是否可以設計一個可以做垃圾分類的影像辨識系統，來提醒人們丟垃圾前先做好分類呢？ OK，就讓我們開始動手規劃與製作吧！

Step 1 定義問題

首先，我們確認可以透過影像辨識技術將垃圾分成紙張、玻璃、鐵製品、塑膠等 4 大類。而這類的資料並不難取得，可以輕鬆透過手機或數位相機在生活周遭拍攝取得。

也提醒大家在定義問題時，必須考量到自己身邊的資源是否可以支持你想做的研究。譬如想研究月球土壤是否適合種植玉米，但取得資源（月球土壤）根本就是天方夜譚，也就無從開始做研究囉！

Step 2 蒐集資料

在定義問題並確認即將使用的 AI 模型可以用來辨識紙張、玻璃、鐵製品、塑膠共 4 種不同的垃圾後，我們就得開始蒐集與拍攝這些常見的垃圾照片。你可以利用手機做實物拍攝，或上網蒐集相關照片。

Step 3 處理資料集

蒐集好上述影像資料後，我們需依照垃圾的類別做整理歸檔，如圖 4-1-1~4-1-5。我們也需要視照片的拍攝品質做適當處理，例如刪除模糊不清或是背景資訊過於複雜的照片，以便進行後續的模型訓練。

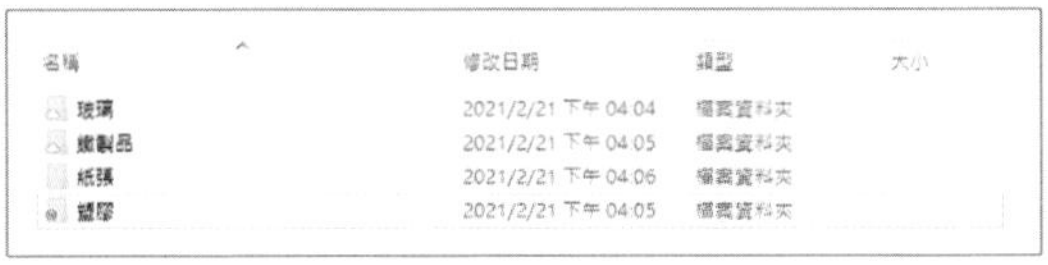

圖 4-1-1 依照照片類別建立檔案夾。

圖 4-1-2 將蒐集到的大量常見玻璃垃圾照片，統一存放在相同的資料夾中。

圖 4-1-3 將蒐集到的大量常見紙張垃圾照片，統一存放在相同的資料夾中。

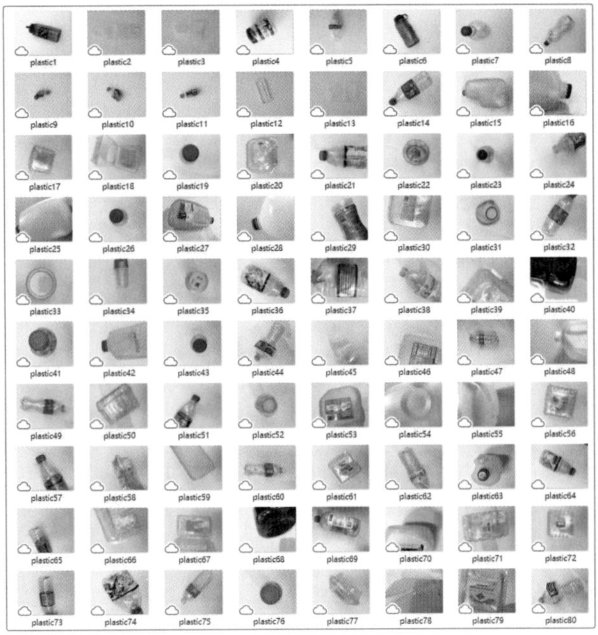

圖 4-1-4 將蒐集到的大量
常見塑膠垃圾照片，統一存
放在相同的資料夾中。

圖 4-1-5 將蒐集到的大量
常見鐵製品垃圾照片，統一
存放在相同的資料夾中。

訓練模型

　　在完成資料蒐集與整理的步驟之後，接下來我們就要利用這些資料進行 AI 模型的訓練。在此，我們會利用第三章所介紹的 Teachable Machine 作為本實作範例的模型訓練工具。若大家對這個工具還不熟悉，建議可以再回去複習第三章的內容喔！

Ⓐ 準備好可正常使用的視訊鏡頭（如圖 4-1-6），連接到主機電腦並安裝好驅動程式（本範例使用 Logi-C270）。

圖 4-1-6 準備好視訊設備，以便作為模型判定之用。

Ⓑ 連結 Teachable Machine 官方網站（網址：https://teachablemachine.withgoogle.com/，或掃描右方 QR-Code）。進入網站後點選 Image Project 功能鍵，進行專案建置。

Ⓒ 首先，建立 Class 1，更改名稱為「玻璃類」，並點選 Upload 功能鍵（如圖 4-1-7），上傳先前蒐集並整理好的玻璃類垃圾資料夾中所有的照片（如圖 4-1-8~4-1-9）。靜待右側圖框出現即時影像後，即完成玻璃類資料的上傳。

★提醒：你也可以將蒐集到的影像資料存在 Google Drive 上，再把資料上傳到 AI 模型裡。

圖 4-1-7 建立好玻璃類別名稱後，點選 Upload 上傳圖片。

圖 4-1-8 點選以紅框圈起的功能鍵，上傳電腦中的圖片。

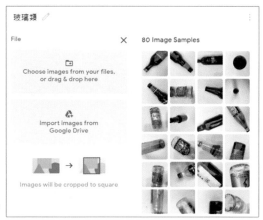

圖 4-1-9 玻璃類別的照片上傳完成。

D 重複上述步驟，依序將紙張類、塑膠類、鐵製品類的訓練資料集上傳至 Teachable Machine 中（如圖 4-1-10~4-1-12）。

圖 4-1-10 建立紙張類別名稱，並上傳相關的資料照片集。

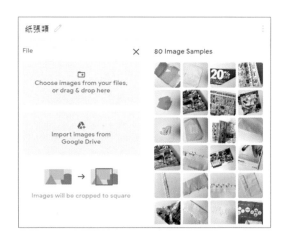

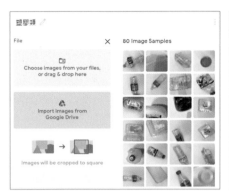

圖 4-1-11 建立塑膠類別名稱，並上傳相關的資料照片集。

圖 4-1-12 建立鐵製品類別名稱，並上傳相關的資料照片集。

E 將所有類別的資料上傳後，就可按下 Train Model 功能鍵，進行模型訓練（如圖 4-1-13）。

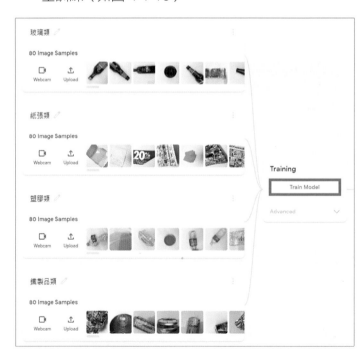

圖 4-1-13 所有類別的資料上傳完成後，即可按下 Train Model 進行模型訓練。

Step 5 推論與預測

完成步驟四後，我們便可得到訓練好的 AI 模型，並可透過 Webcam（視訊鏡頭）進行垃圾類別的辨識（如圖 4-1-14~4-1-17）。

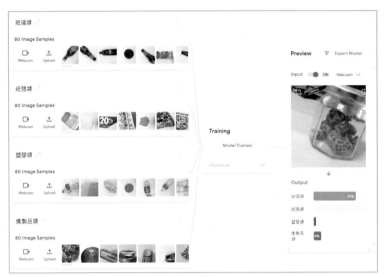

圖 4-1-14 模型判定畫面中的是玻璃類垃圾（機率 81%，實物確實是一個玻璃罐）。

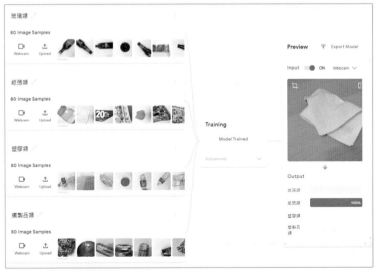

圖 4-1-15 模型判定畫面中的是紙張類垃圾（機率 100%，實物確實是一張廢紙）。

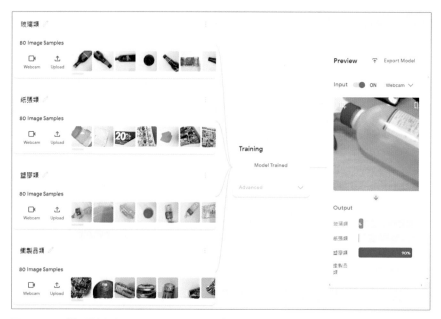

圖 4-1-16 模型判定畫面中的是塑膠垃圾（機率 90%，實物確實是一個塑膠噴瓶）。

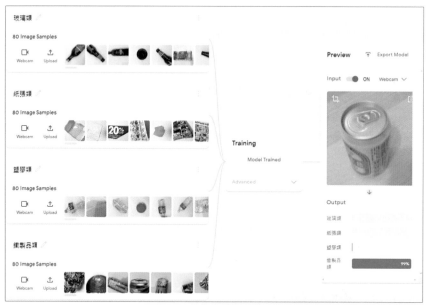

圖 4-1-17 模型判定畫面中的是鐵製品垃圾（機率 99%，實物確實是一個鐵製啤酒罐）。

● 小結

　　相信大家依序完成上述步驟後，除了對機器學習的 5 大步驟有了更清楚的認識外，也親自完成了一個 AI 實作範例：透過影像辨識進行垃圾分類。

　　如果你所訓練出來的模型成效不佳，或是判定上不精準，也別氣餒。只要依照以下建議不斷反覆修正，相信你也能創建出一個非常優質的 AI 模型！

1 發現模型的成效不佳時，請再次回想機器學習的 5 大步驟，我們必須跳回其中的步驟二「蒐集資料」，因為模型判定不精準，很有可能是因為資料集圖片不足，必須蒐集更多的圖片資料。

2 在確認蒐集的資料已足夠後，就可以往步驟三「處理資料集」繼續做審視確認。審視自己所蒐集的圖片是否有模糊、背景雜訊過多的問題；同時也要確認是否有將對的資料圖片放在正確的資料夾中，沒有發生誤將玻璃類圖片上傳到紙張類資料夾這類的烏龍。

3 重新完成上述步驟後請再次訓練模型，並觀察模型推論與預測的準確度。

實作範例二：
電腦也會選芒果？

在台灣，將科技導入農業已經有相當成熟的發展，而 AI 協助農業升級更是時勢所趨。眾所皆知，愛文芒果是台灣重要的農產品之一，近年銷量持續增長，現為國內三大外銷高經濟生鮮果品之一。好品質不只在國內享有名號，更外銷至日本、中國、美國及香港等地。

根據研究，愛文芒果在採收後會依據品質篩選為 A、B、C 三級，分別作為出口、內銷及加工之用。然而少子化的問題，導致傳統農業人力銳減，蔬果若依靠人工篩選常會有人力短缺或是人為損傷等問題，而篩果的流程也因為保鮮期的壓縮造成人員工作品質低落的問題（趕出貨，造成等級誤判）。

在這個實作範例中，我們要帶領大家協助傳統農業 AI 化，並完成一個很有趣的專案：「愛文芒果等級分類」。在實作範例中，我們依舊會依循定義問題、蒐集資料、處理資料集、訓練模型、推論與預測等 5 大步驟，帶領大家一步步完成愛文芒果等級分類的專案。

　　首先，我們確認愛文芒果等級分類專案可以透過影像辨識技術將芒果分成 A、B、C 三種等級。但在進行這個專案之前，我們必須先克服一個很重要的問題：「不同等級的芒果該怎麼做分類？」

　　在人工智慧領域，「等級如何分類」是相當重要的議題，因為各個領域都會有不同的需求與標準。例如以芒果分級案例來說，以銷售人員的觀點來看，他們會依照商品在市場可販售的價值來做分級：可以外銷的高價值產品就標註為 A 級，較低價值且保存不易（過熟）的就標註為 B 或 C 級。

透過各領域有經驗的專家協助判定水果的品質等級。

　　但如果以農藥殘留量檢查人員的角度來看，就會有不一樣的結果。同樣的一顆芒果雖然有著高經濟品質，但農藥殘留量卻很高，藥檢人員很可能就會將它標註為最低等級的農產品，而相對其貌不揚、無任何農藥殘留的有機栽種品種，就會被標註為最好的等級。

然而，一般的資料科學家不可能涉獵所有領域的專業知識，所以如何找到特定領域專家協助建立專業知識，或是協同特定領域專家一起完成專案，就是此階段很重要的工作之一。

　　因此在這個專案中，我們會需要「芒果專家」協助我們進行等級分類。所以大家在設計專案時，務必在定義問題的階段就將專家資源取得的問題一併納入考量喔！

Step 2 **蒐集資料**

　　在上個步驟中，我們已經確認這個 AI 模型是設計來辨識愛文芒果的等級，並將芒果分成 A、B、C 共 3 個類別，所以我們可以透過網路蒐集愛文芒果的照片（如圖 4-2-1），若情況許可也可以親自到水果攤或是蔬果市場進行拍攝（如圖 4-2-2）。

　　我們雖然可以透過不同的方式蒐集資料，但有了前面 4-1 小節的專案經驗，相信大家都知道在蒐集資料時，資料品質高低將會大大影響AI 模型的準確度。所以，盡可能在蒐集資料時就將照片品質做一定程度的把關，例如：盡量避免主體模糊、背景雜訊太多（同一個畫面有不同水果）、昏暗不明的照片。

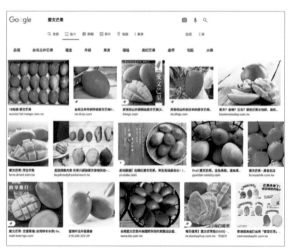

圖 4-2-1 透過網路搜尋引擎蒐集相關圖片資料。

圖 4-2-2 透過實際拍攝照片蒐集相關圖片資料。

Step 3 **處理資料集**

　　如同 4-1 小節所示範，在確認蒐集好大量的愛文芒果影像資料後，我們需要依照不同的等級類別進行照片的整理。我們已經在步驟一定義問題時，提醒過大家在進行等級判定時必須透過領域專家的協助，而非憑著自己主觀來認定。

　　本專案範例的照片都經過專家確認後逐一歸檔於對應的資料夾中（如圖 4-2-3~4-2-6）。同時，在歸檔的過程中仍需將照片依拍攝狀況做適當處理，以便後續進行模型訓練。

圖 4-2-3 將蒐集好的照片依照類別建立歸檔。

圖 4-2-4 經專家協助判定
此為 A 級後，統一整理在等
級 A 的資料夾中。

圖 4-2-5 經專家協助判定
此為 B 級後，統一整理在
等級 B 的資料夾中。

圖 4-2-6 經專家協助判定
此為 C 級後，統一整理在
等級 C 的資料夾中。

Step 4　訓練模型

　　完成資料蒐集與整理後，接下來就要利用這些珍貴的資料進行 AI
模型的訓練。在此，我們會利用第三章所介紹的 Lobe 離線軟體作為本
實作範例的模型訓練工具，若大家還不熟悉這個工具，可以再回去複習
3-2 的內容。

A 準備好可正常使用的視訊鏡頭（如圖 4-2-7），連接到主機電
　　腦並安裝好驅動程式。此範例可利用動態視訊鏡頭做即時判
　　定，但考量實作時可能無法做即時連線判定，因此也可以透過
　　傳輸照片進行離線判定（譬
　　如檢驗人員去某產銷班現
　　場蒐集資料，再將資料帶回
　　實驗室判定）。

圖 4-2-7 準備好視訊設備，以便
進行即時模型判定之用。

B 點擊並開啟 Lobe 的軟體。

C 首先，點選 New Project 建立專案（如圖 4-2-8）。接著將專案命名為「愛文芒果等級分類器」，並在畫面右上方點選 Import 功能鍵，並點選 Dataset 功能鍵（如圖 4-2-9），開啟先前蒐集並整理好的「芒果等級分辨」資料夾（如圖 4-2-10）。

確認後，軟體會詢問這些資料夾的標註名稱方式，因為我們在處理資料時就已經做好分類並給予正確名稱，所以可以直接選擇使用資料夾的名稱當作分類名稱（如圖 4-2-11），接著我們只要靜待圖片上傳至軟體中，確認圖框中是否正確出現影像即可。

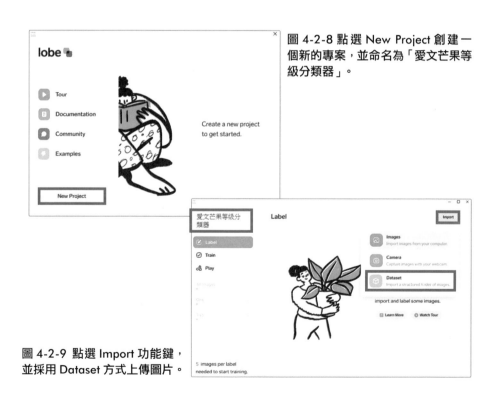

圖 4-2-8 點選 New Project 創建一個新的專案，並命名為「愛文芒果等級分類器」。

圖 4-2-9 點選 Import 功能鍵，並採用 Dataset 方式上傳圖片。

圖 4-2-10 開啟先前蒐集整理好的「芒果等級分辨」資料夾。

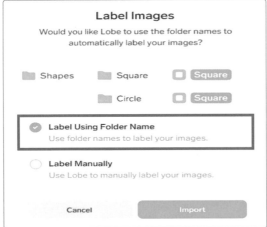

圖 4-2-11 點選紅框中的選項，讓電腦直接以資料夾名稱當作分類名稱。

D 完成上述步驟後，Lobe 會顯示資料輸入的結果，接著請按下 Train 功能鍵，進行模型訓練（如圖 4-2-12）。

圖 4-2-12 資料集上傳後，按下 Train 功能鍵進行模型訓練。

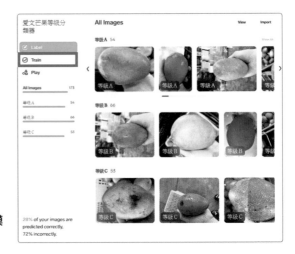

E 如圖 4-2-13 所示，模型在初步訓練後會需要進行修正確認，我們會看到辨識錯誤的圖片一一被系統圈選出來。此時只要點擊錯誤圖片下方的選項逐一進行修正（如圖 4-2-14）。在逐一修正的過程中，系統會自動重新訓練模型，提升其判定的準確度（如圖 4-2-15）。

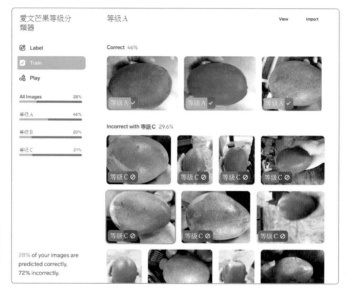

圖 4-2-13 模型判定錯誤的圖片必須進行修正，點擊照片即可進行修正。

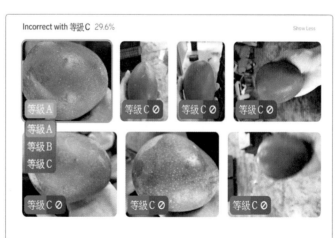

圖 4-2-14 根據原始資料的標註紀錄，逐一進行修正。

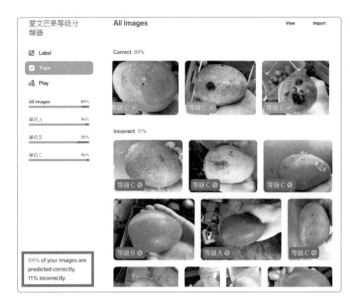

圖 4-2-15 逐一修正的過程中，系統會自動重新訓練模型，提升其判定的準確度。

Step 5　**推論與預測**

　　系統進行 AI 模型訓練需要一些時間，耐心等待訓練完畢後，可透過視訊鏡頭 Webcam 或傳輸圖片進行等級辨識。在垃圾分類的範例中，我們已經用即時視訊鏡頭 Webcam 做過說明，在此我們改以離線輸入圖片來做判定。請點選主畫面中 Play 的功能鍵，並選擇右上方的輸入方式改以 Image 方式進行（如圖 4-2-16）。

圖 4-2-16 點選 Play 進行等級分類判定，利用 Images 的方式來輸入照片。

此時，大家只要將想進行判斷的圖片拖曳至視窗中，或是以 Import 的方式透過指定檔案的方式上傳圖片，待圖片上傳至模型中即會自動進行判定。如圖 4-2-17~4-2-19 的操作範例，我們透過此方法將不同狀況的資料照片一一進行判定。

圖 4-2-17 模型判定畫面中的芒果應歸屬於 C 等級。

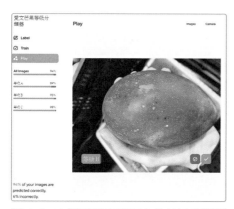

圖 4-2-18 模型判定畫面中的芒果應歸屬於 B 等級。

圖 4-2-19 模型判定畫面中的芒果應歸屬於 A 等級。

【說明】若每次圖片判定完後，大家都可以針對模型判定結果給予回饋，那麼這些照片都會累加至原模型中進行學習，進而提高判定準確率喔！（如圖 4-2-20）

Play   Images   Camera

等級 A

Add the image to the dataset

圖 4-2-20 點擊右下方勾勾處，將此照片與判定結果輸入模型，讓模型持續學習進步。

● 小結

在這個小節中我們透過了 Lobe 這套軟體完成了判定愛文芒果等級的 AI 模型，這是一個橫跨 AI 與農業智慧化的經典範例。相信大家一定覺得這種跨領域的協同合作方式很新奇，但其實這樣的合作方式已經逐漸變成常態。

舉例來說，如果這裡進行的是一個醫療相關專案，雖然我們可以憑藉機器學習的 5 大步驟來進行模型訓練，但最重要的關鍵點在於，某些病徵的解讀仍須由專業醫師協助判定，所以跨領域合作是一個必然的趨勢。

實作範例三：
聽聲辨鳥？

　　台灣這片美麗的土地除了擁有美味的農產品外，也擁有另一項其他國家都難以比擬的資源：豐富多樣的鳥類。因為台灣位處溫帶和熱帶之間，也是東亞澳侯鳥遷徙線的中途，憑著這樣特殊的地理環境，每年都有上百種候鳥造訪，牠們不論是到此歇息充電或是度冬繁殖，都讓我們的這片土地熱鬧不少。

　　2020 年的台灣國家鳥類報告中指出，我國目前已有紀錄的鳥類共有 674 種，其中包括：特有種 29 種、特有亞種 55 種、夏候鳥 14 種、冬候鳥 162 種、過境鳥 91 種、海鳥 29 種、迷鳥 171 種（資料來源：中華民國野鳥學會，https://www.bird.org.tw/report/2020）。

　　一般民眾在親近鳥類時，大都比較關注牠們美麗多姿的樣貌，但其實也有不少人會特別注意牠們美妙特殊的鳴叫聲。在這個章節中，我們想帶領大家透過 Teachable Machine 平台的 Audio Project 來製作一個聽叫聲就可以辨識其出自何種鳥類的聲音辨識器。

　　如同前面的實作範例所介紹，打造機器學習的共有 5 個步驟：定義問題、蒐集資料、處理資料集、訓練模型、推論與預測。在這個實作範例中，我們仍將遵循這樣的步驟完成「鳥類聲音辨識器」專案。

定義問題

　　首先，我們需要先定義此 AI 模型要解決什麼樣的問題？請大家想像以下情境：當我們出外郊遊踏青聽到清新悅耳的鳥叫聲，在只聞其聲卻不見其影的情況下，是否可以透過 AI 的聲音辨識模型就能清楚判定那究竟是何種鳥類發出的聲音？」

　　這是一個很有趣的問題，但就如我們前面所提到的，光是台灣地區有紀錄的鳥類就將近 700 種，要完成全部的樣本蒐集並進行模型訓練並不是那麼容易，可能需要投入更多的時間與人力。

　　在此實作範例中，我們將示範如何蒐集 4 種鳥類的聲音，分別為：五色鳥、烏頭翁、深山竹雞、台灣藍鵲。但我們鼓勵對這個主題有興趣的讀者可以透過本實作範例去蒐集更多種類的聲音。

蒐集資料

　　在定義問題的步驟中，我們已確認要利用 AI 聲音辨識模型做出 4 種鳥類聲音的分類，而這些聲音的資料要去哪裡蒐集呢？

　　在此介紹大家一個非常棒的網站 xeno-canto（網址：https://www.xeno-canto.org/，或掃描右方 QR-Code），這是個致力於分享全世界鳥類鳴聲的公益網站，它蒐集了全世界各種鳥類的叫聲，我們可以在這個網站上免費下載需要的聲音檔案。

　Ⓐ　進入 xeno-canto 網站後，在上方「搜尋」的空白欄位中，輸入：TAIWAN，進行國內鳥類聲音的蒐集（如圖 4-3-1）。（亦可輸入「臺灣」兩字，但若輸入「台灣」則會搜尋不到資料。）

圖 4-3-1 於上方搜尋欄位中輸入「臺灣」或「Taiwan」，進行聲音資料蒐集。

B 按下搜尋鍵後會得出一連串的音檔列表，此時可以點選最左邊的播放鍵進行試聽，並選出較為乾淨清楚的檔案。確認該音檔是我們想要蒐集的資料後，只要點擊右側「動作」選項的下載圖樣即可取得音檔（如圖 4-3-2）。

你也可用地理實察的方式進行資料蒐集，如果你家附近的環境方便取樣，那麼利用相關錄音設備採集資料也是不錯的選擇。也再次提醒大家：資料的品質越高，模型訓練出來的成效也會越好喔！

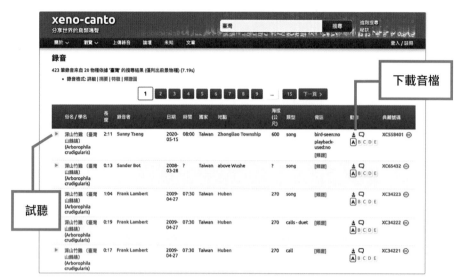

圖 4-3-2 試聽後點擊右側「動作」選項的下載圖樣，即可取得音檔。

處理資料集

在蒐集好所有聲音資料後，即可依造不同類別將音檔逐一歸入專屬資料夾，以便後續進行模型訓練所需（如圖 4-3-3）。

圖 4-3-3 將下載的音檔逐一整理分類。

Step 4 **訓練模型**

在此步驟中，我們將利用 Teachable Machine 的 Audio Project 專案功能進行模型訓練。若大家對這個工具還不是很熟悉的話，可以回頭參考 3-3 小節的說明。

A 開啟 Teachable Machine 的 Audio Project 專案（圖 4-3-4）。

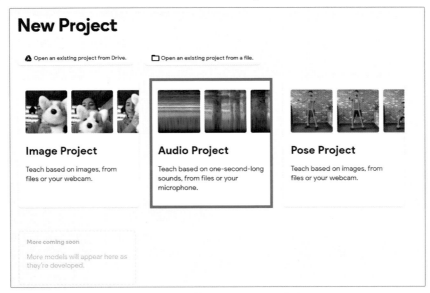

圖 4-3-4 開啟 Teachable Machine 的 Audio Project 專案。

B 請大家開啟麥克風設備，進行背景聲噪的蒐集，在周圍環境保持安靜的情況下進行收音。此階段系統預設最低的收錄時間為 20 秒，但你可以視情況與需求進行調整。

如圖 4-3-5 下方在 Record 20 Seconds 字樣旁有一個齒輪圖樣的功能鍵，請點擊進入並針對 Duration（收音長短）進行調整。本實作範例將其修正為 60 秒，確認後點擊 Save Settings 功能鍵（圖 4-3-6）。

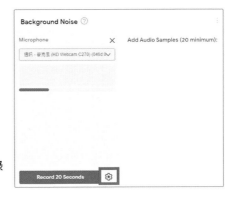

圖 4-3-5 點擊齒輪圖樣修改音檔收錄的秒數。

此時系統將會自動進行收音，請保持一般靜音狀態直到時間結束。再點擊 Extract Sample 功能鍵，將此背景音檔上傳到系統中（圖 4-3-7）。

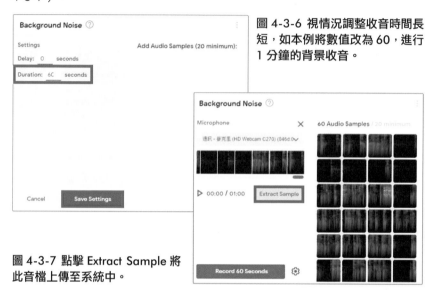

圖 4-3-6 視情況調整收音時間長短，如本例將數值改為 60，進行 1 分鐘的背景收音。

圖 4-3-7 點擊 Extract Sample 將此音檔上傳至系統中。

Ⓒ 現在可以開始依序建立各類別的鳥鳴聲，在此要留意的是不能直接把原始的 MP3 檔案丟進模型中，我們得透過第三方的設備（手機或筆電）撥放收錄好的音檔，並利用麥克風同步進行收音（如圖 4-3-8）。逐一建立好各類別名稱後，再依據收錄的音檔建立聲音資料（如圖 4-3-9~4-3-10）。

圖 4-3-8 透過第三方設備（手機或筆電）播放蒐集好的音檔，並透過麥克風重新收音。

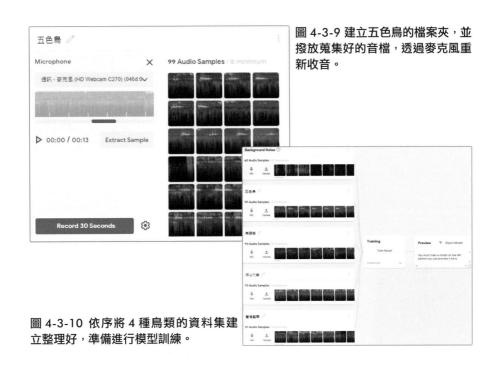

圖 4-3-9 建立五色鳥的檔案夾，並撥放蒐集好的音檔，透過麥克風重新收音。

圖 4-3-10 依序將 4 種鳥類的資料集建立整理好，準備進行模型訓練。

D 點擊 Train Model 功能鍵，進行模型訓練。

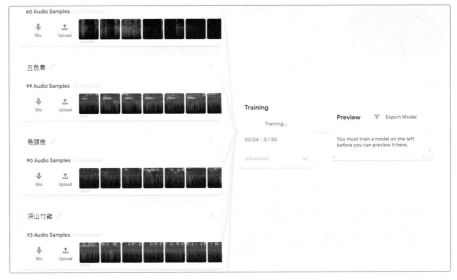

圖 4-3-11 點擊 Train Model 即可進行模型訓練。

Step 5 **推論與預測**

　　耐心等待模型訓練完畢。想必大家一定迫不及待想要知道這個鳥類聲音辨識器的成效如何吧？在此，我們一樣透過第三方的設備（手機或是電腦）撥放這 4 種鳥類的聲音檔，並透過麥克風即時收音進行模型判定。如圖 4-3-12~4-3-13 所示，AI 模型已經能夠清楚分辨出是何種鳥類的鳴叫聲。

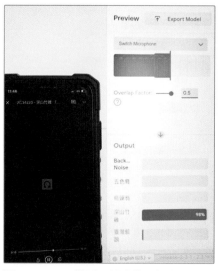

圖 4-3-12 AI 模型可以清楚分辨出深山竹雞的鳴叫聲。

圖 4-3-13 AI 模型可以清楚分辨出烏頭翁的鳴叫聲。

● 小結

　　在這個小節中，我們透過 Teachable Machine 的 Audio Project 完成了鳥類聲音辨識器的 AI 模型，而此範例中最大的挑戰就在於蒐集資料。這些鳥類的鳴聲資料並非垂手可得，我們是透過公益網站 xeno-canto 才能取得這些珍貴的資料，也才能夠完成這個專案。

這再次提醒了我們，如果想設計或發展一個 AI 的應用模型，資料蒐集是最重要且最為繁瑣的一環，如何善用手邊的資源與網路資料就是一個很重要的技巧。希望這個專案實作範例可以帶給大家不少的收穫，也期待大家利用此範例延伸發展出更多有趣的 AI 應用！

實作範例四：
智慧手控 DIY

　　姿態辨識在人工智慧領域的應用越來越廣泛，如同我們在第三章中所介紹的動態操控遊戲裝置、智慧電視，以及數位健身教練等，都是相當有創意且逐漸改變人們習慣的應用。

　　除此之外，還有很多相當有趣且實用的設計不斷被開發出來，改善人們的生活與解決日常的不便。舉例來說，使用語音辨識對一般人而言是很自然而沒有障礙的，但這個功能對瘖啞人士來說就非常不方便。

　　再舉一個例子，現今的車用裝置大都有語音控制功能，但行駛中的車輛聲音來源可能不只有使用者的口語指令，車外的風切聲、喇叭聲、道路施工噪音等都可能導致語音辨識功能失效，失去原有的便利性。因此，有國際汽車大廠就利用 AI 的姿態辨識技術研發了相關的智慧手控系統來解決這個問題（可參考以下連結：https://youtu.be/2TJ6cHtyTyg，或掃描右方 QR-Code）。

　　在這個小節的實作範例中，我們想帶領大家發想設計一個不用說話的「智慧手控辨識器」，同樣是透過 Teachable Machine 這個大家都已熟悉的平台工具來製作。我們預期這個智慧手控辨識器可以取代語音辨識，協助我們播放音樂。

　　此時此刻，相信大家都已經知道打造機器學習的 5 大流程：**定義問**

題、蒐集資料、處理資料集、訓練模型、推論與預測。在這個實作範例中，我們仍然會遵循上述步驟完成專案。

Step 1　定義問題

在此步驟，我們同樣需先定義這個 AI 模型要解決的問題究竟是什麼？我們想設計「一個控制音響的智慧手控系統，我們不需要發出聲音，只需做出明確的肢體動作下達指示，這個系統就能辨識與回應指令。」

音響播放的功能有很多種，在此實作範例中，我們將示範最常見的 4 種操控指令，分別為：上一首、下一首、停止播放、繼續播放。

Step 2　蒐集資料

在上個步驟中，我們已清楚定義要利用 AI 姿態辨識模型做出 4 種手勢功能，而這些資料都需要自行操作來蒐集喔！

Ⓐ 打 開 Google 的 Teachable Machine 網 頁， 並 點 選 Pose Project 專案，如圖 4-4-1 所示。

圖 4-4-1 開啟 Teachable Machine 網頁，並選擇右方 Pose Project 專案。

Ⓑ 務必確認是否已安裝並正確驅動視訊鏡頭，因在此實作中我們會需要透過它來蒐集動態影像（設定方式可參考 3-1 的 Step 3）。

Ⓒ 點擊 Class 1，輸入類別名稱「上一首」，並點選 Webcam 圖樣進行資料蒐集，在確定視訊鏡頭連結無誤後，會出現如圖 4-4-2 的畫面。

接著請點擊下方齒輪圖樣的功能鍵，進入細部設定畫面，針對每個動作所需的時間進行調整（可參考 3-4 的操作說明）。完成後，按下 Save Settings 進行設定儲存。

圖 4-4-2 建立類別名稱「上一首」，點選齒輪圖樣進行設定。

圖 4-4-3 針對個別姿態的紀錄時間進行設定，本實作預設每個動作為 2 秒鐘完成。

D 點擊下方的 Record 功能鍵蒐集姿態影像。在此提醒大家，由於 Pose Project 是利用肢體骨幹的相對位置做出判定，所以在設計姿態類別的動作時必須考量到差異性。如果僅是做手指頭數量的改變（這應該屬於影像辨識），模型可能無法判定出差異。

因此，你可以先發想一些比較大且具差異性的動作來做類別的建立。

以本範例而言，第一個類別是「上一首」，所以我們採用手心向上同時手臂上擺的動作來蒐集樣本（如圖 4-4-4）。

圖 4-4-4 針對「上一首」的姿態做出對應的動作並記錄。

E 重複上述步驟依序建立記錄各個類別的名稱與動作，如圖 4-4-5。

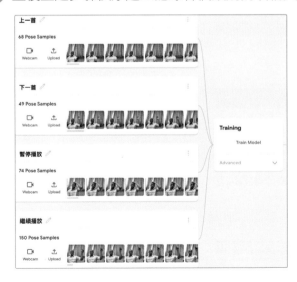

圖 4-4-5 分別將各類別姿態所做出的對應動作進行拍攝並記錄。

處理資料集

在蒐集好所有姿態影像的資料後，建議可以再進行細部審視，例如有影像模糊或肢體節點消失等問題的資料予以刪除，或是樣本資料量不足時進行補拍。

此外，若預設的 Duration（拍攝時間）不恰當，建議大家可以多做幾次動作以便抓出該動作姿態最合適的時間週期，例如舉起手大概需要 2 秒鐘，但若設定的時間週期只有 1 秒鐘就會太短，設定 5 秒鐘就過長，這樣模型判定時會產生誤差，大家在操作時還請務必留意這個重點喔！

Step 4 **訓練模型**

完成上述 3 個步驟後，即可按下 Train Model 功能鍵（如圖 4-4-6）將資料上傳雲端伺服器進行訓練，靜待片刻即可獲得模型結果。

圖 4-4-6 按下 Train Model 功能鍵開始訓練模型。

推論與預測

在此步驟我們同樣透過視訊鏡頭捕捉姿態影像來做類別判定，如圖

4-4-7~4-4-8 所示。

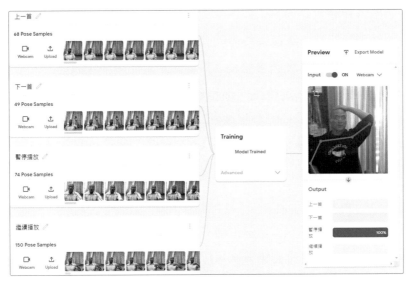

圖 4-4-7 AI 模型判定手摸頭頂的動作為「暫停播放」的功能指令。

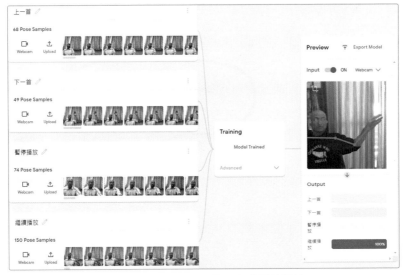

圖 4-4-8 AI 模型判定右手向右方滑動的指令為「繼續撥放」。

● 小結

　　在本實作範例中，我們利用了 Teachable Machine 的 Pose Project 成功訓練出智慧手控系統，此模型的重點就在於透過攝影鏡頭去捕捉人體骨架的相對位置，並做出對應的姿態判定。

　　稍微細心的讀者應該會發現，其實偵測畫面中除了人體的四肢骨架外，在頭部也有 5 個定位點。你也可以思考一下如何善用這些定位點來設計其他有創意的姿態動作專案。舉例來說像「背向」、「趴睡」等動作的共通性都是看不到臉部的 5 個定位點，那麼我們是否可以設計一個針對看不到臉部的姿態動作專案？

　　有的！目前市面上已有一些網路監視器可以偵測睡眠中的嬰兒的口鼻是否有被衣物或棉被遮蓋而導致呼吸困難或窒息，監視器只要一偵測到此狀況就會緊急發出警訊，提醒家長盡速處理！而這項發明正是運用了偵測臉部定位點的原理與技術喔！

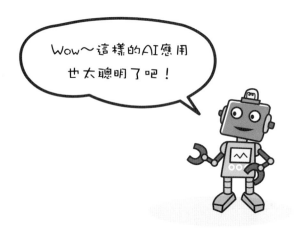

Wow～這樣的AI應用也太聰明了吧！

如何提升模型的訓練精準度

　　透過前面幾個實作範例的說明，想必大家對於模型訓練後成效不佳的處理方法已經有了一定的認知。碰到此種情況時，一般我們都會重新回到機器學習的第二個步驟「蒐集資料」，透過再次廣收新的資料集，或是重新整理出更乾淨的資料（例如剔除模糊或拍攝錯誤的照片）等方式來進行模型訓練，提升模型判定的精準度。

　　但我們也可能會遇到以下情況：資料的蒐集取得不易，或是資料集很有限！那麼，我們有沒有其他方式可以提高模型訓練的精準度呢？答案是有的，接下來我們將向各位介紹如何調整 Teachable Machine 中的細部參數來提升模型判定的精準度。

　　首先，在模型訓練這個功能鍵下方有個淺灰色的 Advanced（進階）功能選項，請先點選進入（如圖 4-5-1）。此時會跳出一個擴充的選單，選單中共有 3 個參數可供調整，分別為：Epochs、Batch Size、Learning Rate。

圖 4-5-1 點選 Advanced 功能鍵，進行參數的調控。

以下，我們依序說明這 3 個參數：

1. **Epochs** ：是指讓模型重複學習的次數，預設值是 50，當這個參數值越大，訓練次數就越多，訓練出來的模型準確度通常也越高，不過會消耗較多的運算資源，也會讓訓練時間變長。

2. **Batch Size** ：是將樣本資料分成每次有多少數量被匯入模型進行訓練。例如：有 80 個樣本影像，batch size 如果是 16，則資料將會分成 80 / 16 = 5，共 5 批，分次的傳入訓練。這個數值並非一定要大

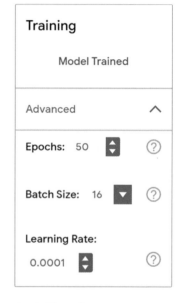

或小才有好的訓練成果，還是需要透過逐步調整去做測試。

3. **Learning Rate**：意思是學習率，白話來說就是機器學習的速度，它是一個重要的參數。但 Google 官方有提出警告與建議，這個數值對於模型判定的影響甚鉅，基本上是不建議去做調整的。

結語

攜手人工智慧，共創美好未來！

　　恭喜各位讀者，我們一起攜手完成了人工智慧的實作範例，這當中包括了影像、聲音與姿態辨識等專案，相信現在的你一定不再恐懼 AI，或覺得 AI 是一門高深難以親近的技術了吧！

　　如果你已經熟練 Teachable Machine 與 Lobe 這 2 個免費的 AI 模型設計軟體，想更進一步學習 AI 技術，我們建議你可以參考 Ai4kids 團隊所撰寫，針對機器學習、深度學習、自然語言處理、巨量資料、AIoT 物聯網、邊緣運算等主題的專書，這些書都是以實作範例帶領讀者從做中學，透過親身體驗的方式去深入了解 AI 各領域的專業知識（相關書籍資訊可參考：https://www.ai4kids.ai/，或掃描右方 QR-Code）。

　　正所謂「師父領進門，修行在個人」，本書希望透過各種實作範例與相關書籍建議，提升各位讀者的 AI 素養。同時，我們更期盼大家能夠善用這些工具，創造出有趣且富意義的設計專案，改善生活周遭的問題與環境，透過 AI 的力量邁向更美好的未來。

國家圖書館出版品預行編目資料

原來AI這麼簡單！：熟練機器學習5大步驟，就算不
會寫程式，也能成為AI高手/AI4Kids、曾銜銘著.
    -- 初版. --臺北市：商周出版：英屬蓋曼群島商家庭
傳媒股份有限公司城邦分公司發行, 2021.04
    面；　公分. --
    ISBN 978-986-5482-35-0(平裝)

1.人工智慧 2.通俗作品

312.83   110003319

莫若以明書房 24

原來AI這麼簡單！

熟練機器學習5大步驟，就算不會寫程式，也能成為AI高手

作　　　者／AI4Kids　曾銜銘
插　　　畫／小比
責 任 編 輯／羅珮芳

版　　　權／黃淑敏、吳亭儀、邱珮芸
行 銷 業 務／周佑潔、黃崇華、張媖茜
總　編　輯／黃靖卉
總　經　理／彭之琬
發　行　人／何飛鵬
事業群總經理／黃淑貞
法 律 顧 問／元禾法律事務所　王子文律師
出　　　版／商周出版
　　　　　　台北市104民生東路二段141號9樓
　　　　　　電話：(02) 25007008　傳真：(02)25007759
　　　　　　E-mail：bwp.service@cite.com.tw
發　　　行／英屬蓋曼群島商家庭傳媒股份有限公司城邦分公司
　　　　　　台北市中山區民生東路二段141號2樓
　　　　　　書虫客服服務專線：02-25007718；25007719
　　　　　　服務時間：週一至週五上午09:30-12:00；下午13:30-17:00
　　　　　　24小時傳真專線：02-25001990；25001991
　　　　　　劃撥帳號：19863813；戶名：書虫股份有限公司
　　　　　　讀者服務信箱：service@readingclub.com.tw
　　　　　　城邦讀書花園 www.cite.com.tw
香港發行所／城邦（香港）出版集團
　　　　　　香港灣仔駱克道193號東超商業中心1F E-mail：hkcite@biznetvigator.com
　　　　　　電話：(852) 25086231　傳真：(852) 25789337
馬新發行所／城邦（馬新）出版集團【Cite (M) Sdn Bhd】
　　　　　　41, Jalan Radin Anum, Bandar Baru Sri Petaling, 57000 Kuala Lumpur, Malaysia.
　　　　　　電話：(603) 90578822　傳真：(603) 90576622

封 面 設 計／林曉涵
內 頁 排 版／林曉涵
印　　　刷／中原造像股份有限公司
經 銷 商／聯合發行股份有限公司
　　　　　　新北市231新店區寶橋路235巷6弄6號2樓　電話：(02) 2917-8022　傳真：(02)2911-0053

■2021年4月8日初版   Printed in Taiwan
定價300元

城邦讀書花園
www.cite.com.tw

廣　告　回　函
北區郵政管理登記證
北臺字第000791號
郵資已付，免貼郵票

104　台北市民生東路二段141號2樓

英屬蓋曼群島商家庭傳媒股份有限公司城邦分公司　收

- -

請沿虛線對摺，謝謝！

書號：BA8024	書名：原來AI這麼簡單！	編碼：

讀者回函卡

感謝您購買我們出版的書籍！請費心填寫此回函卡，我們將不定期寄上城邦集團最新的出版訊息。

不定期好禮相贈！
立即加入：商周出版
Facebook 粉絲團

姓名：＿＿＿＿＿＿＿＿＿＿＿＿＿＿＿＿＿＿＿　性別：□男　□女

生日：西元＿＿＿＿＿＿年＿＿＿＿＿＿月＿＿＿＿＿＿日

地址：＿＿＿＿＿＿＿＿＿＿＿＿＿＿＿＿＿＿＿＿＿＿＿＿＿＿

聯絡電話：＿＿＿＿＿＿＿＿＿＿＿　傳真：＿＿＿＿＿＿＿＿＿＿＿

E-mail：

學歷：□ 1. 小學 □ 2. 國中 □ 3. 高中 □ 4. 大學 □ 5. 研究所以上

職業：□ 1. 學生 □ 2. 軍公教 □ 3. 服務 □ 4. 金融 □ 5. 製造 □ 6. 資訊

　　　□ 7. 傳播 □ 8. 自由業 □ 9. 農漁牧 □ 10. 家管 □ 11. 退休

　　　□ 12. 其他＿＿＿＿＿＿＿＿＿＿＿＿＿＿＿＿＿＿＿＿＿＿＿

您從何種方式得知本書消息？

　　　□ 1. 書店 □ 2. 網路 □ 3. 報紙 □ 4. 雜誌 □ 5. 廣播 □ 6. 電視

　　　□ 7. 親友推薦 □ 8. 其他＿＿＿＿＿＿＿＿＿＿＿＿＿＿＿＿＿

您通常以何種方式購書？

　　　□ 1. 書店 □ 2. 網路 □ 3. 傳真訂購 □ 4. 郵局劃撥 □ 5. 其他＿＿＿

您喜歡閱讀那些類別的書籍？

　　　□ 1. 財經商業 □ 2. 自然科學 □ 3. 歷史 □ 4. 法律 □ 5. 文學

　　　□ 6. 休閒旅遊 □ 7. 小說 □ 8. 人物傳記 □ 9. 生活、勵志 □ 10. 其他

對我們的建議：＿＿＿＿＿＿＿＿＿＿＿＿＿＿＿＿＿＿＿＿＿＿＿＿

＿＿＿＿＿＿＿＿＿＿＿＿＿＿＿＿＿＿＿＿＿＿＿＿＿＿＿＿＿＿＿

＿＿＿＿＿＿＿＿＿＿＿＿＿＿＿＿＿＿＿＿＿＿＿＿＿＿＿＿＿＿＿